柯立夫　編著

咖啡迷的私藏書

東華書局

國家圖書館出版品預行編目資料

咖啡迷的私藏書 / 柯立夫編著. -- 1 版. -- 臺北市:臺灣東華, 2016.01
　　248 面 ; 19x26 公分

　　ISBN 978-957-483-852-3（平裝）

　　1. 咖啡

463.845　　　　　　　　　　　　104028821

咖啡迷的私藏書

編 著 者	柯立夫
發 行 人	卓劉慶弟
出 版 者	臺灣東華書局股份有限公司
地　　址	臺北市重慶南路一段一四七號三樓
電　　話	(02) 2311-4027
傳　　眞	(02) 2311-6615
劃撥帳號	00064813
網　　址	www.tunghua.com.tw
讀者服務	service@tunghua.com.tw
直營門市	臺北市重慶南路一段一四七號一樓
電　　話	(02) 2382-1762
出版日期	2016 年 6 月 1 版

ISBN　　978-957-483-852-3

版權所有 · 翻印必究

 **推薦序**

　　我是喜歡咖啡的人，每天早上第一件事就是喝一杯熱咖啡，然後才開始一天的工作，午後也自然地喝上一、二杯，這是生活上的習慣，非關品味問題。

　　我接觸咖啡從三十多年前開始的。那時一群藝術界的夥伴，有事沒事就不約而同的聚會去咖啡館，在濃郁咖啡香中，天南地北地聊開來。一杯香醇咖啡，幾許從容自在，現在想起來，仍能回味當時那份年輕的閒適心情。而後，咖啡就逐漸溶入生活中，以迄于今。

　　喝咖啡是很尋常的生活事情。在品嚐之餘，自不免講求口味、品質或沖泡方式的問題。但我一向未予特別講究，當有人以為我是個咖啡老饕而向我請教一些有關咖啡的問題時，才驀然發現喝了三十多年咖啡的我，卻對咖啡的知識竟然十分有限，而且許多朋友情況與我相似。其後在坊間尋找介紹咖啡的書籍，但大都是經營者專業用書，不適合一般咖啡愛好者的需求。

　　我一直希望有人為咖啡愛好者寫一本書，內容簡明實用，使一般人能有基本的咖啡知識，輕易而廣泛地獲得品嚐咖啡的樂趣。

　　前些日子柯立夫先生來訪，出示其所撰「咖啡迷的私藏書」手稿，閱之十分高興，這正是我期盼許久的書。其寫作理念與內容篇章和我的想法不謀而合，也契合咖啡愛好者的實際需要。這本書，從咖啡的歷史、樹種、

烘焙、儲存、研磨、沖泡以及於器具、知名咖啡店導覽……等等，都有週全詳細的介紹，且敘述簡潔明確，文詞雋永風趣，更論及養生健康的飲用方法，所有咖啡相關知識皆容於一本書中，對咖啡迷非常實用，不必去買三本或四本書來研讀。

　　這本咖啡的入門書，不僅帶領喜愛者認識咖啡，也可學習品嚐咖啡生活的美妙，更可提升台灣的咖啡文化。

台灣雕塑協會創會理事長

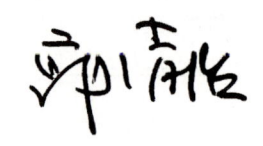

 **推薦序**

文學家李察‧布萊根說：有時候，人生只是一杯咖啡所帶來的溫暖的問題而已。如今回想起來，那時候真正吸引我的，與其說是咖啡的味道，不如說是咖啡的神祕世界。

好友柯立夫從事咖啡領域的研究與執著多年，實令我感動，加上他對咖啡的專業與指導，才恍然體會咖啡的美味與溫馨。

本來對咖啡的憧憬與神祕，充滿無限樂趣，但每次喝下那一杯俗稱「黑水」後，便心悸不已，因而產生敬而遠之的情境，但自從柯先生教我如何選擇優質咖啡豆，與如何沖泡一杯甘醇、芳香的美味咖啡後，現在對喝咖啡已不會卻步，而且深深地喜歡上它，尤其是 Hawaii Kona 咖啡的香、醇、甘，使我倍感幸福。

柯立夫為了提升國人喝咖啡的文化，放下工作，著手寫出一本簡而易懂且內容豐富的咖啡書，其表達方式與其他作者有所不同，文筆幽默輕鬆，且附多篇小語及圖片，希望對咖啡有興趣者能有所幫助，更希望從此台灣的咖啡文化能再提升。

前 AIT 農業貿易組副主任

 序

筆者打從高二（西元 1964 年）時在清華大學美籍教授家中第一次喝到俗稱「黑水」的咖啡，覺得很香也很苦；但加了方糖之後即變得十分甘醇好喝，從此便愛上了咖啡。由於當時民風保守，加上舶來品不易取得，一直到大學時才有機會於台北的「南美咖啡店」再次喝到讓人著迷的咖啡。

出社會之後，因必須常到美國出差，才有機會對咖啡有更深一層的認識與接觸，同時也逐漸養成喜歡蒐集和咖啡有關的各種東西──尤其是咖啡器具及原版的咖啡書籍。這麼多年以來這個習慣一直沒變，因此說起來筆者倒真是一個不折不扣標準的「咖啡迷」。

因此，當朋友們有什麼咖啡方面的問題時，總會來詢問我。本來這是件好事，但要對不同的人一而再、再而三的講些同樣的話題，實在不是一件有趣的事。於是我花了很多的時間去書局找有關咖啡的書，打算若再有人問我這些問題，就推薦他去買書看。很可惜的是，我找不到一本能夠符合我的期望；坊間的咖啡書籍不是太過籠統、就是只強調沖泡的技巧。對一個初學咖啡的人來說都不夠完整。

前幾年碰巧在一家咖啡店認識陳石輝先生，發覺他竟也有此同感。再加上一群朋友的慫恿下，便計劃著手寫一本內容較為豐富且實用的咖啡書。經過二年多來的整理與潤筆，總算完成了。期望這本書的誕生，能夠對想要瞭解咖啡，但卻又不得其門而入的初學者有所助益。

本書的目的，在於有系統且完整的介紹咖啡相關的各種知識，非常適合初學的人，另外對於一些咖啡迷已經有所涉略但卻似懂非懂且只有零碎、片斷咖啡資訊的同好來說，或者這也是一本很值得參考的書。

　　感謝許長倫先生在圖片和攝影上的幫忙；另外要特別感謝好友——美國在台協會（AIT.）李美緒小姐以及名雕刻家郭清治先生，能在百忙之中撥空為此書寫序；當然也要感謝郭汀洲先生巨細靡遺的校對，及 Vicky Shaio 給我精神的鼓勵；尤其要感謝出版社的支持與協助及陳相如主任的敦促與肯定，這本書才能如期出版，呈現在諸位同好的眼前。

　　祝福每一位愛好咖啡的朋友們，都能從中得到無比的快樂與幸福。

　　本書若有疏漏之處，敬請讀者同好不吝指教。

謹以此書獻給曾對咖啡有過夢想的人們

柯立夫

Contents

推薦序　台灣雕塑協會創會理事長　郭清治　　　　　　　iii
推薦序　前 AIT 農業貿易組副主任　李美緒　　　　　　　v
序　　　　　　　　　　　　　　　　　　　　　　　　vi

咖啡的歷史
咖啡豆是怎麼發現的？————— 003
咖啡的傳播 ————— 009
咖啡簡史 ————— 011

咖啡樹
從品種看咖啡 ————— 023
從植物學的角度看咖啡 ————— 032

咖啡果實與咖啡豆
咖啡的採收 ————— 057
咖啡果實 ————— 060
咖啡果實的處理 ————— 061
咖啡豆的分級 ————— 069
常見的咖啡豆之特性 ————— 075

咖啡的烘焙

烘焙的發明 ──────── 091
烘焙的基本原理 ──────── 093
咖啡烘焙的工具 ──────── 101
咖啡烘焙程度的分級 ──────── 107
烘焙對咖啡豆的意義 ──────── 112
喚醒咖啡豆生命的神奇魔法師 ──────── 115
元老級專業烘焙師游先生專訪摘要 ──────── 115

咖啡的儲存與包裝

生豆的儲存 ──────── 121
熟豆的儲存 ──────── 123
咖啡豆的包裝 ──────── 127

咖啡沖泡與研磨

各種沖泡方法的簡介 ──────── 133
咖啡豆的研磨 ──────── 148

咖啡與人體健康

咖啡與健康的關係 ──────── 155

咖啡沖泡器
咖啡沖泡器簡史 ——— 161
早期、中期與近代義式咖啡沖泡器 ——— 165

著名咖啡店導覽
法國巴黎（Paris）——— 182
義大利（Italy）——— 191
美國（U.S.A）——— 203
奧地利維也納（Vienna）——— 210
葡萄牙里斯本（Lisbon）——— 212
日本 ——— 213
台灣（Taiwan）——— 215
其他國家 ——— 218

附錄
品嚐咖啡基本字彙 ——— 223
咖啡豆烘焙程度表 ——— 225
咖啡生豆的主要產地及特性表 ——— 227
咖啡常識 ——— 228
稱職咖啡大師10大必備條件 ——— 233

圖片來源 ——— 235

咖啡的歷史

咖啡豆是怎麼發現的

咖啡的傳播

咖啡簡史

很多人也許都不知道，
咖啡豆的發現，
其實要歸功於衣索比亞高原上，
一群有點貪吃的羊兒……

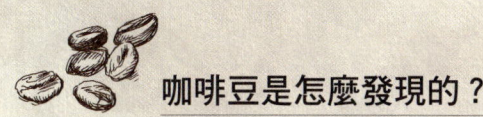 **咖啡豆是怎麼發現的？**

很多人一定都很好奇，究竟是那一個聰明的古人，能夠發現「咖啡」這麼好的東西。

當然，由於咖啡的歷史久遠，到目前為止也沒有人敢確定地說，究竟咖啡是由何方神聖發現的；又因為古籍中有關咖啡的記載相當多，我們也不打算在這裡做巨細靡遺地詳述。因此，我們現在要告訴大家的，是一個關於咖啡起源最常被提及的說法，而這也是筆者個人最喜歡的說法──這個說法不但傳神，聽來更令人覺得十分的有趣。

你知道嗎？神奇的咖啡竟是一群羊兒無意中發現的………

這個故事，就發生在非洲的衣索比亞高原上。

那大概是西元 7 世紀左右的事，那時衣索比亞綿延的高原上，正散居著以放牧為生的阿拉伯人。

話說有一天的傍晚，一個牧羊童正準備趕著他的羊兒們回家。

他像往常一樣，吹了幾聲口哨並學著「咩」、「咩」地叫了幾聲之後，便好整以暇地等著四散的羊兒自動地歸隊。誰知等了半天，大部分的羊兒

　並不理會他的叫喚。這是件十分反常的事，令他覺得相當的奇怪，畢竟他和這群羊兒也相處很久了，牠們從來都不曾如此過。

　想著想著，牧羊童便爬到一塊地勢較高的大石，他站著四下眺望了一會兒，遠遠地見到大多數的羊兒都聚集在一處，便放心地循著方向走過去。

　當他走到了羊兒的地方時，眼前所見的情景卻令他目瞪口呆——在這兒覓食的羊兒，個個像著了魔似的，一會兒到處亂跳，一會兒又不斷地互相磨角高聲嘶鳴。

　他試圖去催趕牠們，但羊兒卻一點也不理會。眼看著夕陽已快西下，他只得辛苦地左趕右趕，一再地吆喝。還好這群興奮的羊兒，隨著時間的過去也逐漸地平靜了下來，牧羊童才得以順利地把羊群趕回家去。

　接著一連幾天情形都是如此，最後牧羊童終於忍不住好奇心，決定要查清楚究竟是怎麼一回事。

　那一天，他先把羊群再趕到先前覓食的地方之後，便耐心地跟著自由覓食的羊兒到處走。最後，牧羊童發現，覓食之後的羊兒，總會群聚在不遠的一處灌木叢裡，嚼食一種如櫻桃般的紅色果實。而且在食用了那些果實之後，便又叫又跳，活力旺盛。

牧羊童覺得十分高興，他終於知道令這群和他朝夕相處的羊兒，著魔般叫鬧的原因為何了！同時他也覺得很不可思議，這麼一個小小的紅色果子，竟然有著如此大的魔力。於是，在好奇心的驅使下，他自己便試了幾口。果真，在嚐了這種果實之後，自己頓時變得精力充沛，和剛剛簡直判若兩人，即使漫漫長夜看顧羊群也不覺得累。

有了這樣奇妙的經驗，牧羊童便在趕著羊兒回家時，順手摘了幾支長滿紅色果實的枝條，並把這種神奇植物的事蹟告訴首領們。

首領們便令人把這種漿果收集起來，並製成了一種泡製劑，供族人們喝了之後，在夜間祈禱時能保持清醒。他們並為它取名為 Qahwa（卡瓦）。

不久後，這樣的事情便慢慢地傳開了。但鄰近的一家修道院，那位權高位重的院長卻懷疑這些果實是「魔鬼的果實」，便下令把這些果實全部丟進營火裡。不料這些果實在燃燒之後，竟然釋放出一股令人興奮不已的香氣，連在場的這位院長都無法抗拒這股燒焦的香味。於是便又命令趕緊從火堆裡將這些果實撿回。經過一段時間的研究，終於發現將燒焦的果實加上水，加熱之後形成的液體，便是一種絕佳的飲料。

當然，人類是如何發現第一株咖啡樹的，由於年代已十分久遠，早已無法考查。上面我們所說的這個故事，不過也是流傳最廣的一種說法而已，是否屬實，我們也很難去證明。

　　對於咖啡的起源，目前我們比較能夠確定的，大概就是——咖啡樹的發現，應來自於衣索比亞高原，而且是經由羊群所發現，再由阿拉伯人流傳開來的！

　　當然，另外還有許多關於咖啡起源的故事，我們不再多做敘述。或許哪一天，愈來愈進步的考古學界會有更多的發現！

印尼咖啡採收情形

咖啡小語

　　咖啡最早被記錄於 9 世紀波斯的醫學文獻中,但直到 11 世紀才被著名的醫生和哲學家 Avicenna 重新喚起,他提出咖啡對腸胃具有某種的功效,並可抑制胃酸。

　　後來的阿拉伯人為了對抗宗教的禁令,便將咖啡豆進行了焙炒、並以特有的方式來製作,使它成為一種飲品來出售。在當時,這種咖啡熱飲料被稱為 Chaube,除了可以令人提神之外,也被用來治療胃痛或當利尿劑使用。

早期阿拉伯咖啡店沖泡咖啡的景像（圖片取自 Tea & Coffee 月刊）

 ## 咖啡的傳播

咖啡最初的傳播，得力於四處征伐的軍人。

咖啡自從被發現了之後，由於它的神奇效用，慢慢地便在衣索比亞高原上盛行起來。後來，甚至變成了衣索比亞軍人提神的必備聖品。

就因為這層緣故，當西元 7 世紀衣索比亞統治葉門的時候，咖啡自然也隨著軍隊被引進了葉門。

圖為非洲肯亞地區乾燥咖啡之實景

葉門開始種植咖啡之後，由於它的地理位置正緊鄰著衣索比亞，天然條件也十分適合咖啡樹的栽植，因此初期便有了很好的收穫，自然環境適合再加上咖啡的日漸受到歡迎，更開啟了葉門較具規模的咖啡種植業。發展到後來，基於經濟上的利益，葉門的摩卡港更成立了咖啡業的組織，來管理各種咖啡出口的相關事宜。

如此的發展，到了 17 世紀讓葉門成了世界上第一個有史可考，大量人工栽植咖啡的地方；同時也使葉門港變成了全世界咖啡出口的知名大港。

也許有人會好奇，第一個人工栽植咖啡的地方，為什麼反而不是衣索比亞呢？筆者也曾想過這個問題。以我們的瞭解，答案也許很簡單，因為在衣索比亞境內，隨處遍布著許多野生的咖啡樹，以當時的需求來說，根本不須要人工刻意的栽植，或許因為如此，原本是咖啡樹發源地的衣索比亞，其人工大量栽植咖啡的歷史，反而要比鄰國葉門晚了許久。

咖啡小語

大體上研究咖啡歷史的學者，都贊同咖啡樹原生於衣索比亞境內高原的說法。事實上一直到現在，衣國境內仍有許多的野生咖啡樹，市面上也還有許多打著所謂「衣索比亞野生摩卡」的咖啡。

上圖為目前精緻咖啡園的實景（如：夏威夷 Kona 咖啡園）

 咖啡簡史

圖為非洲地區沖泡咖啡的情景

為方便大家閱讀，筆者特地在此整理了一份簡單易懂的咖啡簡史，對咖啡歷史有興趣的讀者，不妨可以多加參考。透過這份編年式的簡史，大家對咖啡初期的起源和發展的脈胳，會有更清晰的概念，當然對欲進一步深入瞭解咖啡的讀者來說，也有很大的幫助。

- 西元 600 多年（7 世紀），阿拉伯人在衣索比亞牧羊時，發現紅色果實的咖啡樹。
- 西元 8 世紀，阿拉伯人發覺咖啡喝了可使人興奮，於是將咖啡當成酒類飲用。
- 西元 1260 年左右，土耳其人已會將咖啡豆烘焙成熟豆，並且開始煮咖啡當成一種提神食品飲用。
- 西元 1495 年左右，二位敘利亞人在麥加開設「卡奈咖啡屋（Kahveh Khaneh）」，是全世界第一家咖啡館。
- 西元 1530 年左右，土耳其人開始輸出咖啡到威尼斯。同時在大馬士革出現一間名叫「玫瑰咖啡屋（Café of the Roses）」的咖啡館的設立，為當時名流權貴、文人雅士聚會交際常去的場所。

- 西元 1555 年,敘利亞人在君士坦丁堡(又譯康斯坦丁堡)開了家卡內斯(Kahveh Kanes)咖啡館。到了 16 世紀末,君士坦丁堡就至少有 500 家以上的咖啡館。

- 西元 1592 年 Prospero Alpini 博士在他的「埃及植物誌」中詳細地描述了咖啡樹,讓阿拉伯人更瞭解咖啡飲料的功能。但一直到 17 世紀中期,咖啡樹的種植還僅限於衣索比亞及葉門等地。所以在 1650 年至 1750 年這一百年間,小港口 Mocha 是咖啡的世界貿易中心,並且是英國、法國、荷蘭商人的唯一市場。

- 西元 1604 年第一艘運載咖啡的船隻到達了威尼斯。

- 西元 1619 年,土耳其攻打維也納,隨軍帶著大量的咖啡豆以供兵士飲用,當土耳其軍隊最後不敵敗走,也同時留下了大批的咖啡豆。慢慢地維也納當地人也學會了烹煮咖啡的方法,並開了第一家的咖啡館。

- 西元 1644 年有幾袋的咖啡豆在法國的馬賽港口卸下,於是法國開始了咖啡的進口。一直到 18 世紀初,馬賽始終壟斷了全歐洲的進口咖啡。

- 西元 1650 年土耳其猶太人 Jacob 在英國牛津開了第一家咖啡館，是第一個在英國開設咖啡館的人。

- 西元 1652 年英國倫敦第一家咖啡館開張，名為 Pasqua Rosee 咖啡館。

- 西元 1654 年，法國第一家咖啡館在馬賽開設（現已不營業了）。

- 西元 1670 年第一個在歐洲大陸開設咖啡館的是荷蘭人 Hoppe，地點就在其首都阿姆斯特丹。這家叫 Hoppe 的咖啡店至今仍在營業，是一家歷史相當悠久的咖啡館。

- 西元 1670 年，亞美尼亞人的 Pascal Haroukian 在法國馬賽也開

圖為義大利威尼斯的 Florian 咖啡館一角。由圖中之豪華，可看出當初咖啡館乃是王公貴族社交的重要場所。

了一家咖啡店，雖然 Pascal 在 1672 年就搬至巴黎，但這家馬賽的店至今也仍存在。

- 西元 1673 年一位荷蘭人 Jan Danz 至德國的布雷蒙（Bremen）也開了一家咖啡店。

- 西元 1686 年，原為西西里人的 Procopio 入法國籍，並將一家老咖啡館改名成 Le Procope（右圖）。

- 西元 1689 年一位亞美尼亞人 Johannes Diodato 於奧地利的維也納也開了一家咖啡店。

「巴黎是全歐洲的咖啡館」，這句話是用來形容巴黎咖啡館的盛況。依據一些可靠資料的記載，在 18 世紀初，巴黎大約有 300 家咖啡館，但到了 1850 年卻暴增到了 3,000 家左右，而現在則是更多，估計已有超過 15,000 家以上的咖啡店。

筆者親自到了許多國家考察，蒐集到一些歐洲和美國紐約早期較著名的咖啡館如下，可以提供咖啡迷們參考，哪天心血來潮，或許也可以像筆者一樣，來個主題性的咖啡探索：

巴黎（法國）較具歷史性的咖啡館：

1. Procope（1675 年成立的一家小咖啡館；於 1686 年遷新址，並改名為 Procope 咖啡館）。

2. Café de Foy（為西元 1789 年點火法國大革命的場所）。

3. Café de la Paix（1862 年創立）。

4. Café Chartres（現在店名已改為 La Grand Véfour）。

筆者在羅馬附近的咖啡館

5. Café de la Régence（於西元 1688 年開張的）。

6. La Rotonde（於 1882 年成立）。

7. Le Dome（於 1897 年成立的）。

8. La Coupole（於 1899 年成立的）。

9. Deux Magot（於 1875 年成立的）。目前幾乎是全巴黎生意最好、知名度最高的咖啡館。

10. Café de Flore（1865 年創立）。與上述的 Deux Magoto 咖啡館毗鄰，在巴黎的知名度亦非常高。是存在主義的發源地。

11. Nouvelle Athenes 是莫內和印象派畫家聚會之所。

羅馬（義大利）較具歷史性的咖啡館：

1. Greco（於西元 1750 年開館）。位於西班牙廣場前方，這是筆者看過生意最好的咖啡館。

2. Café di Paris

威尼斯（義大利）較具歷史性的咖啡館：

1. Florian（於西元 1720 年 12 月 29 日創立）。位於聖馬可廣場上，可說是當地知名度最高的咖啡館。

2. Quadri（1725 年成立）位於 Florian 的正對面。

3. Caffè Lavena（1750 年成立）。

4. Gran Caffè（葛蘭咖啡館），算起來也有二百年左右的歷史。

筆者在 Greco 咖啡館門口的留影

咖啡的歷史　017

佛羅倫斯（義大利）較具歷史性的咖啡館：
1. Gilli（1753 年成立）

維洛那（義大利，羅蜜歐與茱麗葉的故鄉）較具歷史性的咖啡館：
1. Mazzanti

梵帝崗較具歷史性的咖啡館：
1. Caffé S. Pietro

此咖啡館位於聖彼得大教堂旁，筆者於 2004 年曾到此參觀。

英國較具歷史性的咖啡館：

1. Cocoa tree

2. Ozinda

3. Smyran

4. ST.James

5. Will's

以上於 17 世紀中期至 18 世紀成立。

維也納（奧地利）較具歷史性的咖啡館：

1. Café Demel（1786 年創立）

2. Café Imperial（於 19 世紀末成立）

3. Café Central（於 1876 年開幕）

4. Café Sacher（於 1876 年成立）

5. Café Pruckel（距現今約有 100 年的歷史）

6. Café Tarone（於 1748 年成立）

7. Café Hawelka（於 1938 年成立）

8. Café Schwarzenberg（1865 年成立）

9. Café Tomaselli（1705 年成立）有 300 年歷史，是奧地利最古老咖啡館。

紐約（美國）較具歷史性的咖啡館：

1. the City Tavern（於西元 1643 年開始提供咖啡服務）

2. Burns Coffee（於 1643 年成立，往後成為自由兄弟會的活動中心，並有許多支持美國獨立運動份子經常出入其間）。

> **咖啡小語**
>
> 　　咖啡（Coffee）英文原名的由來，也和它傳播的途徑有關。最初，咖啡在阿拉伯人的稱呼裡叫 Qahwa；後來傳到土耳其時就變成了 Kahwe（發音還是很像）；慢慢地隨著威尼斯商人的崛起與興盛，咖啡也被一步步地傳到歐洲，那時大家便以義大利文稱咖啡為 Caffé；到後來，英國人才又把咖啡這個字拼成現在的 Coffee 了。

布拉格（捷克）

1. Café Louvre（1902 年成立）

咖啡樹

從品種看咖啡

從植物學的角度看咖啡

很多人對咖啡的印象，
都只停留在咖啡豆上；
如果你想深入瞭解，
那麼得先從認識咖啡樹開始………

 ## 從品種看咖啡

　　講到咖啡，大家的印象或許都只停留在那一顆顆深棕色的小豆子。

　　就一般人實際的經驗而言，到 Coffee Shop 喝杯咖啡時，能看到的大概就是烘焙好呈深咖啡色的熟豆，或者頂多也是青綠色的生豆。有時也許能從牆上掛著的照片，看到些咖啡果實、咖啡樹的樣子，但總還是讓人一知半解。

　　對於一個喝咖啡的人來說，或許眼前的咖啡好不好喝比較要緊，也不用太去理會咖啡豆怎麼來的；但如果你是個對咖啡有點興趣或想從事咖啡相關行業的人，那麼就不得不去瞭解些植物上專業的知識。

圖為咖啡樹開花的情景

　　從植物學的角度來看，咖啡樹是一種常綠灌木，在「界、門、綱、目、科、屬、種」的生物分類法裡，是屬於「茜草科」裡面的「咖啡屬」。

　　這是比較學術性的講法，大家也許並沒有太大的興趣；但因這裡要談的是咖啡品種的問題，為了釐清很多根本的概念，我們不得不從這個比較學術性的分類法說起。

　　話說回頭，我們看上面那個分類裡，在「屬」的底下還有個「種」的分

> **咖啡小語**
>
> 　　或許有的讀者會懷疑，怎麼有的資料上只說是二個品種，並沒有提到第三個呢？其實那也沒錯，因為其中之一的「利比瑞卡種」全世界的產量相當少，所以有的人就乾脆把給省略了。另外有一點要提醒大家，若以「精選咖啡（Speciality Coffee）」的角度來說，「阿拉比卡豆」才能稱得上是優質豆，只有極少數特優的「羅布斯塔豆」，才能列入優質咖啡豆之林。

類，這個「種」的類別，簡單地說便是我們常講的品種的意思。

　　大概瞭解這些之後，大家或許就比較能夠明白，在「咖啡屬」的底下其實還有許多不同的咖啡品種。

　　沒錯！在這個所謂的「咖啡屬」裡，大大小小還包含了數十個不同的咖啡品種。品種看來雖不少，但真正受到我們人類青睞的可不多，其中有被人們拿來當飲品食用的，也就只有以下三種──「阿拉比卡種（Arabica）」、「羅布斯塔種（Robusta）」、「利比瑞卡種（Liberica）」。

　　人類種植阿拉比卡咖啡樹已超過 700 年的歷史，而它們的祖先來自以下二個品種：

1. 鐵畢卡品種（Typica）──是 Arabica 的原生種的咖啡。早期荷蘭人帶 Arabica 咖啡樹在歐洲的溫室裡培育，並將它傳播到亞洲、中南美洲等地。

2. 波旁品種（Bourbon）──18 世紀時，法國人將樹苗種在印度洋上的留尼旺島（Reunion，當時叫「波旁島」），結果發生變種，豆子形狀彎曲，顆粒較小，適合高地種植，風味較佳。

　　也許有人會納悶，為什麼我們要這麼大費周章地來解釋這些看來有點無聊的東西呢？理由很簡單，這些相關的知識雖然說來無趣，但若真要詳細地瞭解咖啡，這些可是挺要緊的！我們都知道，一杯咖啡好不好喝，大體上取決於它所使用的豆子，而其實這個豆子好不好，可就關係到它先天上

品種的問題了。

目前在市面上，我們所喝到的咖啡豆，大體上不是「**阿拉比卡豆**」，就是「**羅布斯塔豆**」；至於「利比瑞卡種」的產量相當稀少，所以我們就不談它了。那麼究竟「羅布斯塔」和「阿拉比卡」這兩個不同品種的豆子，有什麼不一樣的呢？

當然有很多不一樣囉！以下我們就來好好聊聊，這兩個品種的咖啡豆有什麼比較明顯的差異：

喝起來就不一樣

一般來說，「阿拉比卡豆」都比「羅布斯塔豆」要好喝許多。單就口感來說，「羅布斯塔豆」感覺上比較濃稠，喝起來也較苦澀，較不好入喉；至於「阿拉比卡豆」的澀味則明顯少了許多，較好的「阿拉比卡種」的豆子（如牙買加的藍山豆、夏威夷的可娜豆），不但喝時極為順口，喝完後更有十分美妙的餘味在口腔內。

除了口感之外，喝完後對身體的影響也有很大的差別！比起「阿拉比卡豆」來說，「羅布斯塔豆」可能會讓人產生較多的一些所謂的「副作用」。若要深究原因，其中的因素當然很多，最顯而易見便是二種豆子之咖啡因的含量不同。以一般公認的說法來看，「羅布斯塔豆」的咖啡因含量，平均是「阿拉比卡豆」的 2 至 5 倍左右。

SCAA 會員咖啡杯

> **咖啡小語**
>
> 從上面的說明可以得知，光是看喝幾杯來衡量自己一天咖啡的量，是不準確的。一杯咖啡，因為豆子的不同，沖煮方式的不同，咖啡因的含量也會有很大的不同。

咖啡樹長得也不同

　　因為品種的不同，咖啡樹本身的樹型當然也有不同。一般來說，「羅布斯塔種」的咖啡樹都要比「阿拉比卡種」的咖啡樹來得高大許多。

　　除此之外，「羅布斯塔種」的咖啡樹，葉子也明顯大了許多。

　　總之，「羅布斯塔種」在許多植物的特徵上，都比「阿拉比卡種」要來得「大」；再加上它又較能耐蟲害，不易得病，所以有的書就很巧妙地把「羅布斯塔豆」稱為「粗壯豆」了。

咖啡豆也不大相同

　　對於一般的消費者而言，要判斷「阿拉比卡豆」或是「羅布斯塔豆」，除了親自嚐看看之外，細心的觀察，從豆子上也或多或少可看得出一些端倪（最好是還沒烘焙好的生豆）。

　　就咖啡豆的形狀來看，這兩種豆子在外型上還是有些不同的。筆者僅就自己多年來的經驗，提供兩個它們之間較顯著的相異處供大家參考：

　　1.若以整顆咖啡豆來看，大體上「羅布斯塔豆」的外型都較短、較胖，

阿拉比卡豆 　　　　　　　　　　羅布斯塔豆

一顆顆看起來像半圓球形；而「阿拉比卡豆」外型則長了一些，看起來有點像是被切了一半的橢圓形。

2. 一般「阿拉比卡豆」中央線（Center Cut）會有接近 S 形的彎曲，而「羅布斯塔豆」的中央線則接近於直線（這一點在生豆的狀態下較為明顯，一旦烘焙成熟豆之後，就比較看不出來了）。

阿拉比卡豆 　　　　羅布斯塔豆

適合的生長環境也不同

兩種品種的咖啡樹，其所適合的天然環境也不盡相同。

以「阿拉比卡」咖啡樹來說，它對生長的地理條件比較嚴苛，大體上只適合生長在高海拔（1,500 公尺以上），雨量充沛且半日照的山區。而「羅布斯塔」咖啡樹就沒那麼多麻煩的限制，基本上「羅布斯塔」比較耐熱，在海拔高度以及雨量等的條件上也沒那麼嚴苛，其中尤為重要的，它的種植環境幾乎沒有海拔高度上的限制。

> **咖啡小語**
>
> 「阿拉比卡」咖啡樹適合的生長環境如下：海拔高度 800 至 2,000 公尺，氣溫 20℃至 25℃，年平均雨量約 1,200 至 2,200 毫米之間。「羅布斯塔」咖啡樹適合的生長環境則如下：氣溫 24℃至 36℃，年平均雨量約 2,200 至 3,000 毫米之間，至於海拔高度則無明顯的限制（一般大都在 800 公尺以下）。

簡單地說，「羅布斯塔」種的咖啡樹，要比「阿拉比卡」種咖啡樹在自然環境的要求上少了許多，如此一想，大家就不難理解，為何東南亞國家新興的咖啡種植地，都以栽種「羅布斯塔」咖啡樹為主了。

栽種的難易度及收成的多寡也不同

對於咖啡農來說，栽種「羅布斯塔」或「阿拉比卡」咖啡樹，也有幾點明顯的不同；咖啡樹乃是分期開花、分期結果的，故常能見到果實與花朵

並存的情形。

1. 「羅布斯塔種」的咖啡樹較耐蟲害，不易得病，照顧上甚為方便。

2. 「阿拉比卡種」的咖啡樹，因其較不耐陽光久曬，且也易受霜害，故種植時一般皆須另植遮蔭樹，一來擋住直射的強烈陽光，二來也藉以減低霜害形成的機會。「羅布斯塔種」咖啡樹則無此煩惱，相形之下就顯得省錢又省事了。

3. 在收成上更是有很大的差別。一般而言，「羅布斯塔種」咖啡樹種植後約 2 年即可開始收成；而「阿拉比卡種」第一次的收成則約須 4 年左右。

分布的區域也不大相同

目前全世界種植「羅布斯塔」咖啡樹的地方很多，東南亞的越南，近年來因大量栽種「羅布斯塔」，咖啡豆年產量已躍升全世界第二位；印度則是另一個新興起的咖啡產量大國，目前也以種植「羅布斯塔」為主。另外咖啡產量一直居全世界之冠的巴西（屬於南美洲），也漸漸地採行「阿拉

巴西的咖啡園

比卡」與「羅布斯塔」兩種兼種的方式。

另外，非洲也有很多國家種植咖啡。目前這個地區除了衣索比亞、葉門等較早期的咖啡豆產國，「阿拉比卡」種植得較多之外，其他的國家也多以栽種「羅布斯塔」咖啡樹為主。

還有一件值得一提的事，錫蘭（現為斯里蘭卡）島上的阿拉比卡樹在1869年發生大規模的葉銹病之後，隔沒幾年便傳遍了爪哇、蘇門答臘等各島。自此，在咖啡歷史上曾經享有盛名的爪哇，大體上也都改種較不易得病的羅布斯塔樹。所以，現在要喝到純正的「爪哇阿拉比卡豆」，已不再那麼容易了。

看了筆者以上的描述，喜愛喝杯好咖啡的老饕們也許會覺得有些鬱卒，

不過先別失望,還是有很多的咖啡豆產國是種植「阿拉比卡」樹的。例如年產量也很大的哥倫比亞、巴西等;中美洲的許多小國,像哥斯大黎加、瓜地馬拉、薩爾瓦多、古巴,以及非洲的肯亞、衣索比亞、葉門等也都大量栽種品質較高的「阿拉比卡」咖啡。

咖啡樹常見的二種病害:1.葉銹病 2.炭疽病

1.葉銹病是真菌性病害,病原菌性喜濕涼,感染嚴重時節是春、秋兩季。其孢子發芽最適溫度為 22℃~25℃之間。發病初期葉子背面會有凸起之淺黃色粉末狀物,然後孢子發芽會隨風傳播。其病斑會引起落葉至整株咖啡樹枯死。

在 19 世紀及 20 世紀初期,非洲肯亞及亞洲斯里蘭卡、南美洲的巴西皆受侵襲,以致於造成咖啡產量驟減,因而變得非常昂貴,因此葉銹病可稱咖啡業的「黑死病」。

2.炭疽病也是真菌性病害,但可耐高溫,可達 30℃~33℃。一般會感染青果實而造成褐色凹陷斑,表面會有淺粉紅色孢子,甚而感染枝葉,造成枝條發黑枯掉、果實掉落,將造成咖啡農的嚴重損失。

咖啡小語

有關這二種豆子在全世界產量上的比例,許多咖啡的相關資料,都引述過去的資料,告訴讀者「阿拉比卡豆」占了約 70% 的產量,而「羅布斯塔豆」則只占了 30% 左右。

但依據筆者私下的研究與推估,這個比例應該早在幾年前就不怎麼對的了。尤其近幾年來,包括越南、印尼、印度等產豆大國,大量鼓勵栽植比較易種的「羅布斯塔」咖啡樹;再加上巴西這個全世界最大產豆國,目前也已開始大量地栽種「羅布斯塔」咖啡樹,因此,粗略的估計,「阿拉比卡豆」所占的世界產量,現在正確的數字,最少要比以前降了一成的比例。當然這些少掉的產量,就是被「羅布斯塔豆」給取代了。

雖然這個結果,對喜愛精品咖啡的人來說是件洩氣的事,但也同時在提醒對咖啡講究的人們,要慎選咖啡豆,才能喝到一杯好喝的咖啡。

從植物學的角度看咖啡

對一般只是純粹喜歡喝咖啡的讀者來說，這一篇最重要也最切身的，是要瞭解咖啡豆會因品種的不同，而有不同的品質與風味，因此我們把相關的內容安排在本篇的最前面。

接下來我們就要從植物的角度來談談咖啡樹及和咖啡樹相關的一些名稱或概念。若您對於咖啡，除了幾分好奇之外，也想有更深入的瞭解，那麼可不能錯過這些。

圖為正值開花期的咖啡樹

咖啡樹的花朵、果實和種子

一般的植物在特定的時間內，都會開花結果，藉以繁衍下一代；當然，咖啡樹也不例外。

咖啡樹的花朵為白色小花，和我們常見的茉莉花有幾分相似。若仔細

上圖為咖啡樹從開花到果實成熟的過程（左上：開花、左下：結果、右上：果實陸續由綠轉黃再變紅、右下：紅熟的果實）

聞，還會發現花朵並帶有淡淡的香味。

開花完，結成的果實先呈綠色，然後隨著慢慢的成熟而轉變成猶如櫻桃般的紅色、深紅色。

咖啡樹的果實不大，大概就如同是小一號的櫻桃，形狀為長橢圓形（請參考上圖）。整個果實剝開來，會有一層不算太厚的果肉，嚐起來酸中帶甜。除了果肉之外，大部分的空間主要包藏著兩顆較扁平的種子，但有時也會有例外，裡面只有一顆橢圓形豆子，這種特殊情形之下的豆子，我們就稱它叫圓豆（Peaberry）。

而這種子在經過若干程序的處理後，便是我們平常所謂的咖啡生豆；生豆再經烘焙，就是我們在咖啡店常見深淺不同的棕色咖啡熟豆了。

通常來說，一顆咖啡樹從幼苗種下，到結果可以採收，依品種的不同時

圓豆 Peaberry

間上也不甚相同。羅布斯塔種約 2 年左右,而阿拉比卡種則須約 4 年左右,才能產出咖啡豆。

　　由於咖啡樹分布的區域很廣,氣候條件各不相同,因此其開花、結果到成熟採收的時間,各個區域並不相同。以巴西和哥倫比亞這兩大咖啡產為例,他們的咖啡收穫期就不相同,巴西的收穫期約在每年的 5 至 9 月,而哥倫比亞約在每年的 9 月至次年的 1 月左右。

咖啡小語

　　在此筆者順帶一提,國內南投的惠蓀林場,以及雲林古坑的荷包山等地都有栽種咖啡樹,台灣的咖啡花期約在每年的 4 月到 5 月初(現在氣候變了,開花期也亂了),結果豐收期為 10 至 12 月左右;若讀者有興趣,覺得百聞不如一見,那麼這兩個地方皆可一遊,不但能看看咖啡樹長什麼樣子,還能順道品嚐國產的咖啡,也不失為一舉兩得的雅事。

咖啡樹的外觀

由於咖啡樹是一種灌木，樹高一般都不會太高，因此它看起來並沒有喬木那般地雄偉（那些國內知名的神木都是屬於喬木，才有辦法長得那麼高大）。

如果讀者們曾看過較早時期咖啡採收的老照片，也許有時會發覺，採收的工人還得架把梯子在咖啡樹上來進行採收，由此可見樹身的高度也不算太矮。

近年來隨著咖啡種植技術的改進，為了採收的經濟性，咖啡樹大都維持在 2 公尺以內的高度。而一旦其產量或品質不符經濟效益，便遭砍伐整地，以使土地休養生息，幾年過後，再行施種新株。

因此，在人工種植的咖啡園，咖啡樹並沒有太大的機會可以儘情地長到多高大；這也是一般照片中咖啡園裡的咖啡樹，總是不會太高大的主要原因。

人工栽植總有經濟考量的一面，但野生的咖啡樹可就沒有這個限制了。在自然環境適合的地區，都可見到樹身 5、6 公尺的咖啡樹。甚至也有咖啡專書的作者曾指出，在國內雲林的古坑鄉，就有樹高目視約 9 公尺左右的巨型羅布斯塔咖啡樹。

至於其他有關咖啡樹的一些細節，包括其花朵的形式、葉子的特徵……等等，筆者並不打算在此花太多的筆墨來向讀者們詳細形容。如果大家有需要，坊間許多咖啡相關的書籍都找得到，可以自行參考。但所謂「百聞不如一見」，筆者在此建議大家，要看看咖啡樹長個什麼樣，不用出國，就近在國內幾處種植咖啡的地區看看，也許勝過筆者在此用文字描述了老半天。

何謂「咖啡帶（Coffee Belt）」

這是大家在咖啡相關書籍很常見的一個名詞。它的原意乃在泛指全球種植咖啡的分布區域。

由於咖啡樹適合生長的氣候條件都位於熱帶或亞熱帶區域，大體上剛好以赤道為中心，而介於南、北迴歸線 25 度之間，不論是非洲、美洲或亞洲，只要在此區域內幾乎均有種植，攤開地圖來一看，它就好像是以赤道為中心劃出來的一條區域地帶。

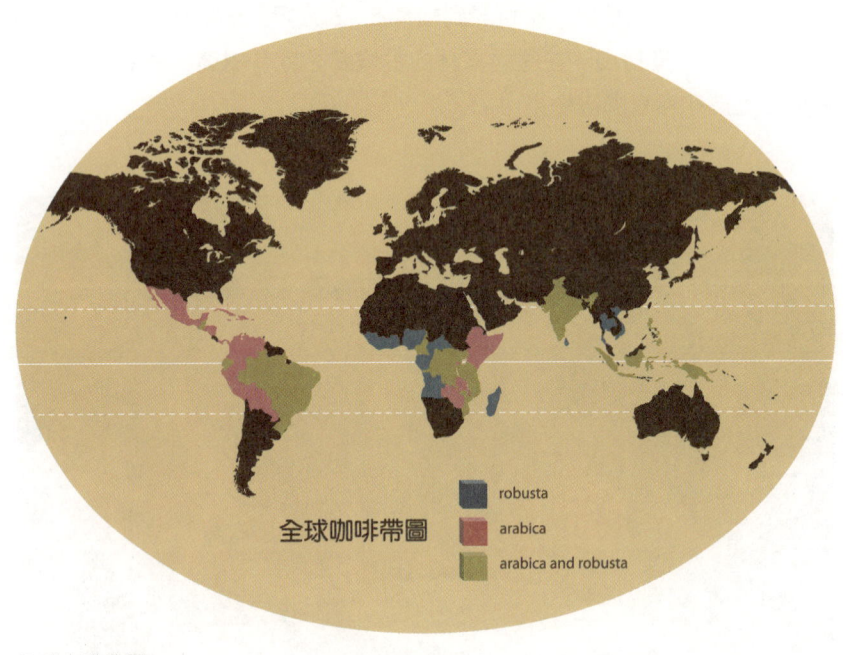

全球咖啡帶圖

什麼是「遮蔭樹」

咖啡樹是一種絕對需要日光的植物；但麻煩的是，它又不能讓日光整天直射太久，否則容易影響其咖啡豆的品質。因此，在栽種咖啡樹的同時，都要考慮旁邊是否種有比它高大的其他樹種，以做為其遮蔭樹。

遮蔭樹對咖啡樹本身來說好處很多。它除了可以讓比較矮小的咖啡樹享受斜照的陽光，而擋掉中午直射時的熾熱光線之外；在天氣寒冷時，還可以擋住自高空降下的冷氣流，對咖啡樹生長的底層，產生相當程度的保護，相對地減輕或避免霜害所帶來的影響。

另外，就生物多樣性的角度來說，咖啡園裡種植遮蔭樹，也比純粹種植單一樹種較不易引起植物的各種蟲害與病害。尤其再以近年來全球興起的環境保育概念來看，咖啡園的遮蔭樹不但能提供其他生物更多的生存空間，適度地保留某些原生樹種以為遮蔭樹，也多少能緩合因咖啡園的開發，所帶來對於熱帶雨林的嚴重破壞。基於此種認知，目前市面上的咖啡生豆，有的甚至會主動標示其遮蔭生長（Shaded Grown）的特性，以彰顯莊園注重品質和環境生態的用心。

夏威夷 Kona 咖啡園常以木瓜和椰子作為遮蔭樹

某些咖啡園會保留當地的高大喬木做為遮蔭樹,既經濟又符合環保概念。

雖然遮蔭樹有上述如此多的優點,但它對種植咖啡的業者來說,卻是一項成本增加的缺點。也因此,透過不斷地改良,現今也已發展出許多不須要遮蔭種植的咖啡樹品種。

大致上來說,優質的「阿拉比卡」咖啡豆,一般仍須以遮蔭方式種植;而「羅布斯塔」咖啡豆則幾乎都是以無遮蔭式種植。一來「羅布斯塔豆」價格低廉許多,遮蔭種植並不符合成本;二來其樹種本身先天抵抗力較好,對日光和霜害的忍受度也較強,並不須要多此一舉。

因此,遮蔭種植的方式,實際上已不是咖啡種植的通則了!至於遮蔭樹都是些什麼樹呢?大體上來說,遮蔭樹多是種植當地常見而普遍的樹種。只要它能達到遮蔭的功能,當然是愈方便種植愈好,甚至能有現成的那就更省事了。以盛產香蕉的中美洲為例,就有許多地方是以香蕉樹為其咖啡園的遮蔭樹。而國內南投的惠蓀林場咖啡園,則是以台灣山區隨處可見的相思樹為其遮蔭樹。

當然,除了上面我們談的,莊園採咖啡樹無遮蔭式種植,多半基於商業成本的考量以及樹種的不同。但也有些地區因其特殊的環境與氣候,並不

咖啡樹之左後方的芭蕉樹即為其遮蔭樹

圖為夏威夷 Kona 咖啡莊園裡的咖啡樹和遮蔭樹

須要遮蔭式種植，亦能產出高品質的咖啡豆。

　　近幾年來在咖啡界迅速竄起的夏威夷可娜咖啡（Kona Coffee）即是如此。由於可娜地區當地的氣候特殊，常常在中午過後，便會有雲層飄來，並帶來一陣雨，形成了天然的遮蔭效果，所以當地並無遮蔭樹的須要；甚至也因此種特殊的海島氣候，形成其獨特的咖啡風味。

適合咖啡種植的氣候環境

　　此處我們以「雨量」、「溫度」、「高度」三方面分別做簡單的說明與介紹：

　　雨量：依品種的不同，適合的雨量也略有不同。「阿拉比卡種」約為1,200~2,200毫米/年，「羅布斯塔種」約為2,200~3,000毫米/年。

溫度：依品種的不同，適合的溫度也略有不同。「阿拉比卡種」較適合 20℃~25℃ 的環境，「羅布斯塔種」對溫度的忍受範圍則明顯大了許多，只要在攝氏 23℃~33℃ 都可算是它的適合氣溫。

雖然以上列出的這些數據，無論是雨量還是溫度，都只是概略值。但聰明的讀者也許可以從中窺知，東南亞和印度等這些熱帶雨林國家，為何普遍栽種價格較低廉的「羅布斯塔豆」了。說實在的，這些區域的溫度和年雨量等等這些條件，大體上還是較適合種植「羅布斯塔豆」的。

高度：依品種的不同，適合的高度也有差異。「阿拉比卡種」適合的高度在海拔 800~2,000 公尺左右，「羅布斯塔種」則為 0~800 公尺。實際上來說，「羅布斯塔種」是幾乎沒什麼海拔高度的限制，所以在大量栽植的亞洲地區，常常在海拔不高的平地就能看到不少的咖啡園。

以筆者長期蒐集的資料，再加上個人累積的經驗，以及與同好間的交流，筆者發現，除了一些地理條件特殊的地區之外，大體上咖啡樹種植的高度還是要在海拔 800~2,000 公尺左右品質會較好，甚至有的咖啡老饕還乾脆就直接認定，海拔 1,000 公尺以下不會有好豆子。筆者並不贊同如此的分類法，但這些也多少反應出高度對咖啡豆的品質是具有一定程度的影響的。

基本上咖啡樹乃原生於衣索比亞的高原上，所以以往咖啡樹也都是種植在有一定高度的山區。因為咖啡種植的地帶多半都在赤道附近，而此區域的平地對咖啡樹來說顯然是太熱了些。不過這是專指「阿拉比卡種」而言，對「羅布斯塔種」來說則又另當別論了。

合適的地理環境及合宜的氣候，對咖啡樹的開花結果影響很大。

此外，如前所述，每個地區特殊的地理環境，常會造成許多例外之下的驚喜，所以讀者對於這些數據也不必太過執著。例如近幾年來幾乎和藍山齊名的夏威夷可娜咖啡（Kona），曾獲美國食品獎獎項的國內惠蓀咖啡，以及最近政府大力推廣的雲林古坑荷包山及華山的咖啡，這些都算是低海拔的咖啡豆，但其品質不見得就一定不好；讀者若有興趣，不妨可以試試加以比較。

話雖如此，但的確有許多地區對「種植高度」這個地理條件相當重視（包括上面文中提及的一些咖啡老饕們），甚至成為該地區咖啡豆分級的標準。中美洲的諸多產豆國，包括瓜地馬拉（Guatemala）、哥斯大黎加（Costa Rica）、薩爾瓦多（Salvador）等地區，其生產的咖啡豆便以其產區高度來分級。他們認為產區高度愈高，所產的咖啡豆質地較密（硬），不但口感較為豐富，香味表現得也比較好，故其最高等級的咖啡豆 Strictly Hard Bean（簡稱 SHB，極硬豆）生長高度均約在 4,500~6,000 英呎左右，而生長高度在 4,000~4,500 英呎的咖啡豆叫「硬豆（Hard Bean）」。至於當地太平洋沿岸較低海拔地區 Pacific（大平洋海岸區）所生產的咖啡豆，則是等級最低的豆子。

咖啡小語

純以植物學的理論來看，植物生長環境的海拔愈高，其生長速度會愈緩慢，果實質地也因此而較為密緻堅硬，咖啡豆當然也不例外了。

以全世界最知名的牙買加藍山（Blue Mountain）而言，其所栽種的地區，便是在海拔約 1,300~1,700 公尺之間。牙買加中部地區另有一個咖啡產區叫 High Mountain，其栽種的高度就略遜了些，約在海拔 900~1,300 公尺左右，該地所產的咖啡豆風味和比較純的藍山豆（Blue Mountain）遜色許多，或許種植的高度多少有帶來影響吧！

但影響咖啡豆風味的因素眾多，高度只是其中之一，也不能因此就一概而論，認為高海拔的豆子，一定比低海拔的好。不過，它具有不容忽視的參考價值，卻是無庸置疑的。

咖啡樹的綠果實

什麼是「低因咖啡」

咖啡裡有含咖啡因是眾所皆知的事情；咖啡早期被用來提神或者治療頭痛，可能也都跟其內含的咖啡因有很大的關係。

咖啡因對人體的好與壞，歷來都有不少的爭論，甚至直到現在醫學界也都還有不同的見解。這是個頗為專業的問題，筆者無意在此討論它，但「低因咖啡」的崛起卻與此話題有非常密切的關係。

廿世紀以來，因為咖啡大量的普及化，「咖啡因」對人體的影響是好是壞，也引起了醫學界和咖啡界極大的論戰。當這些議題仍爭論不休之際，腦筋動得快的商人便開始研究，如何把「咖啡因」從咖啡中抽出，以吸引愛喝咖啡但又對「咖啡因」有所顧忌的人。

「低因咖啡（Decafé）」的問世，算起來也挺早的。第一個發明低因咖啡萃取方法，並進而獲得專利的是一位德國籍的咖啡商叫羅塞魯斯（Ludwig Roselius）。當時的他，是利用苯來當萃取的溶劑。西元1906年，羅塞魯斯成立了一家公司專賣低因咖啡，為低因咖啡的歷史揭開了序幕。自此之後，不僅是德國，在法國、美國等咖啡消費大國，也開始陸續地推出了許多各式各樣的低因咖啡品牌。

在70年代左右，這種經過萃取處理的「低因咖啡」，曾因當時醫學界對咖啡因影響健康的質疑，在美國大行其道了好一陣子。

但隨著醫學的進步，大家對咖啡的成分有更多的瞭解，咖啡因的問題不再吸引人注意；再加上許多人都認為，咖啡裡少了咖啡因，似乎就不再那麼地吸引人，因此「低因咖啡」便不再像以前那麼熱門了。

有些人因為體質上的關係，不宜攝取過多的咖啡因，喝咖啡便成了一件遙不可及的事。這種情形對於某些喝慣了咖啡的人來説，實在是一件相當折磨人的事。此時「低因咖啡」就顯得不可多得了，雖然它的魅力還是稍遜原豆。

至於「低因咖啡」是如何製作的呢？初期的「低因咖啡」除了用苯或純水來萃取之外，大都以三氯甲烷來當萃取時的溶劑。後來因三氯甲烷對人體有致癌的疑慮，便改以二氯甲烷代替。

現今的「低因咖啡」，則幾乎都是採用液態二氧化碳來萃取的，比起以前的那些萃取法，不但在健康上較無疑慮，在保留咖啡風味上也進步不少。

以筆者的親身體會來說，「低因咖啡」喝起來口感上確實較乏味了些，少了一般咖啡豐富的味覺變化。也許即使其萃取的技術已有長足的進步，但味覺仍然不能媲美原豆的風味。

什麼是「有機咖啡」

　　近幾年來由於環保意識及健康概念的興起,「有機」這個名詞也隨著普遍了起來。現在到市場上一看,「有機蔬菜」、「有機水果」等等都隨處可見。

　　當然,對咖啡來說也不例外囉。目前在生豆市場上都會看得到特別標明為「有機（Organic）」的咖啡豆。

至於什麼才算是「有機咖啡（Organic Coffee）」呢？它和一般的咖啡有什麼不同？雖然各家說法不一，但筆者在此歸納幾點一般「有機咖啡」栽種的特別之處，供大家參考：

1. 種植的土壤不經人工刻意施肥。

2. 種植所須的水源不能受到污染。

3. 種植過程中不使用農藥、殺蟲劑。

基於以上的幾點原因，「有機咖啡」大都種植在比一般咖啡栽種地要更深山些，氣候更寒冷些的地區。

依據筆者的經驗，「有機咖啡豆」和一般的咖啡豆也有幾點不同的地方：

有機咖啡樹苗的培植

1. 價格較貴。雖是相同的咖啡品種，但只要是屬於有機豆，價格就會貴一些。畢竟有機豆都種植於更偏僻的山區，其種植、採收和運輸的成本，當然要比一般咖啡豆高些。

2. 「健康」與「天然」，向來都是有機食品最大的賣點，有機咖啡當然也一樣！

3. 由於「有機咖啡」的種植，不施肥也不使用農藥，所以它產出的咖啡豆反而沒有一般咖啡豆來得好看。

4. 一般來說，「有機咖啡」喝起來都較一咖啡來得平淡，不但香氣較無，口感也較差些。

什麼是「即溶咖啡」

喝完一杯咖啡很簡單，並不需幾分鐘，但其前置作業就相當費工夫。即使是已烘焙好的咖啡豆，也得經過研磨和沖泡等程序，才能有一杯香醇又可口的咖啡。

對於有閒情逸致的人來說，或許更能從這當中獲得更多咖啡的情趣，但對於那些只想來杯咖啡提提神、解解癮而時間又不是很多的人來說，研磨或沖泡等過程卻常形成一種麻煩。

「即溶咖啡」由此便應運而生了。對於工作繁忙,只想簡單而省事的喝杯咖啡的人來說,這是一件很好的消息。雖然那樣的咖啡,喝起來遠遠不如新鮮沖泡的咖啡,但起碼還是保有咖啡因,也多少還有咖啡的味道在。

尤其對處於戰事的軍人來說更是如此。所以,這種方便的即溶咖啡,雖然早在一次世界大戰前就推出了,但卻是在一次世界大戰時才大行其道。

關於即溶咖啡的發明,是於1901年居住芝加哥的日裔化學家Satire Kato所發明,到了1906年才有英國化學家喬治·華盛頓精煉且大量生產,甚至美國軍方都曾一度徵用其即溶咖啡的所有產量。

那時喬治·華盛頓即溶咖啡的做法,是先將咖啡沖泡好,再使咖啡液乾燥成結晶狀,所以喝起來的風味,當然要比現煮咖啡要遜色許多,但因其方便性,在當時仍風行一時。

直到1930年代,瑞士一家奶粉的專門製造商——雀巢公司,推出了新一代的粉末狀即溶咖啡,再次改寫即溶咖啡的歷史。

由於雀巢公司的即溶咖啡是採用一種更新的製法——「噴霧乾燥法(Spray-Drying)」,讓咖啡液能在瞬間凝結成粉狀,因此更能保有咖啡的風味。另外,該公司並針對消費者的喜好,在製作過程中還添加了少許的糖,此產品也曾在美國市場上一度大行其道。

雖然後來即溶咖啡的製造,又進步到利用低溫冷凍乾燥法(1964年通用食品公司所採用)的先進技術,使得其咖啡的風味又更好。但因現代人對於咖啡新鮮風味的要求更甚於過去,再加上新興咖啡店林立,要喝一杯現煮的咖啡並非難事,所以即溶咖啡的市場也跟著節節敗退了。

咖啡小語

咖啡因濃度1 PPM,就是1000 cc的咖啡中含有1毫克(mg)的咖啡因。

如①含咖啡因400 PPM之150 cc咖啡,即有60 mg的咖啡因。

②含咖啡因882 PPM之325 cc咖啡,即有287 mg的咖啡因。

咖啡樹的成長過程及果實處理步驟：

1. 播種至長成幼苗（約 60 天）

2. 將幼苗植入培養土包中

3. 再經過 30 天後樹苗長高約 20 cm

4. 再過 45 天後樹苗高約 50 cm

5. 定植後 45~60 天樹苗高為 80 cm 以上

6. 再過 6 個月後樹高約 130 cm 左右

7. 定植後二年樹高約 2 m（圖為 Kona）並進入開花結果期。

8. 開花（第 3 年）

9. 結果

紅熟的果實（Cherry）

水洗發酵後去除果肉

去除果肉後的果仁（Parchment）

曬乾果仁

乾果仁脫殼後，即為市面上常見的生豆。

咖啡果實與
咖啡豆

咖啡的採收

咖啡果實

咖啡果實的處理

咖啡豆的分級

常見的咖啡豆之特性

一杯好喝的咖啡，
絕大部分取決於所採用咖啡豆的品質；
因此，要有一杯好咖啡，
得先有好豆子才行………

咖啡的採收

當咖啡樹到了採收期，枝條上早結著滿滿的紅色果實，這時咖啡農便得採收了。說起咖啡果實的採收，也是有它的學問的；那不但關係到生產的成本，也會對所生產咖啡豆的品質造成一定程度的影響。因此每個咖啡莊園都會依其不同的考量，有不同的採收方式。

採收方式歸納起來，大體上不出人工採收和機器採收這兩大類。一般說起來，當然是以人工採收的咖啡豆品質會較好些，但這其中也還有許多的差異在。

以高級的「牙買加藍山咖啡」和「夏威夷可娜咖啡」等來說，莊園所採用的完全都是較精緻的人工採收法。這是人工以一顆一顆挑選的方式來採收，因為只採下成熟完美的果實，所以一株咖啡樹都得分 4 到 6 次才能整個採收完畢。此法較費工夫，所需的採收時間

和人力都加重了成本的負擔，所以一般採用此法採收的咖啡豆，都屬等級較高的種類，當然咖啡豆的售價也一定較昂貴了。

另外，人工採收也不一定就是一顆顆挑選來採收的。為了更節省時間和人力，有的是用搓枝的方式，一次便把枝條上的咖啡果實整個給搓下來。這個方法省卻了前者分次採收的麻煩，但因同一枝條上的果實成熟度不一，結果便是成熟與不成熟的果實都一併採收了。

還有另外一種人工的採收法，就是先猛力地搖樹，待果實掉下來後再做採收。有許多一般等級的咖啡豆都是採此種收成法，但其中則仍有許多的差異。

比如說，簡便一點的方式便是在搖樹前先在底下鋪上布或網，果實掉落後便不管三七廿一地全部採收。如此一次 OK，甚是省時省力，但許多過熟、乾枯或腐壞的果實卻也一併採收，品質當然嚴重地受影響了。

利用機器採收果實的品質，比人工採收來的差。

　　當然，這種搖樹法也有比較精緻的作法。其關鍵就在果實掉落後，有無經過揀選之後再行採收了，而咖啡豆的品質也就隨著這揀選過程的精細度而有不同了。

　　至於利用機器採收的咖啡豆，整體的品質都比手工採收來的差。此採收方法的特色為成本低廉，品質不佳，故多用於價格低廉的咖啡豆。

　　至於咖啡採收的時間，則隨地域、品種等等的不同而有不同。一般簡單的歸納起來說，在赤道以南的地區，約在 5~6 月；而赤道以北的地區（包括台灣），則約在 9~11 月。

咖啡果實

　　咖啡的果實屬於漿果，樣子有點像櫻桃但體積沒那麼大。果實最初的顏色是綠的，後來慢慢變黃，到了成熟時就變成了紅色。

　　咖啡果實的外形不似櫻桃那般圓，而是呈橢圓形，大小約 1.2 到 1.5 公分不等，內含的果肉不多，兩顆大大的種子大概就占了整個果實的五分之四左右。

　　讀者參考文中的說明圖，可以發覺整個果實共分成了幾部分：果實的外皮、果肉、內果皮、銀皮和種子。

　　其中種子是最有價值的部分，它再經過一些處理後，便成為我們見到的咖啡生豆了。

（圖片取自 Stanishlaw Szydlo）

咖啡果實的處理

採收完的咖啡果實必需儘快做處理，否則容易腐壞發酵，進而影響裡面咖啡豆的味道。

這個處理過程，簡單地說，就是如何把咖啡果實經過某些步驟之後，變成咖啡市場上買賣的生豆（英文叫 Green Bean、Raw Coffee 或者是 Green Coffee Bean）。

這是一個相當專業的過程，不同的處理方式會對咖啡豆的風味產生不同的影響。大體上它可分為以下三種不同的處理方法：日曬法（Sun Dry）、水洗法（Washing）和半水洗法（Semi-wash）。

先來介紹**日曬法**的大略處理過程。從字面上看就知道這個方法是利用日光來做處理的。這在日照充足的地區很流行，畢竟日光是免費的，況且咖啡產區多在赤道附近，陽光十分充足，因此早期的咖啡生豆處理，幾乎都使用此法。

日曬法的處理程序

1. **篩選果實**。這個步驟是要剔除掉一些不好的果實，等於是替採收的那道挑選過程再把關一次，以免那些過熟或未熟的果實壞了整批豆子的品質。其方法通常是將咖啡漿果置於注滿了水的水槽，原則上正常的咖啡果會下沈，而那些較有問題的果實便會上浮，並隨著水流走。

2. **乾燥果實**。此步驟便是兩種處理法最大的差別所在。日曬法在此階段，便是利用日光來乾燥咖啡果實的。一般來說，就是把前一步驟篩選好的果實，直接曝曬於日光中，有點像台灣以前農村裡曬稻米的情形。當然其中處理方式也有粗糙與否的差別，有的咖啡豆喝起來會有股「泥土味」，大體上都是這個步驟的關係所致。

   一般而言，這個步驟得花上 7~14 天以上，當然也得看太陽的臉色。通常經過日曬後，果實會變成深褐色，果皮皺而易碎，此時果實的含水率都大概在百分之十二至十三而已。

3. **脫殼**。這個步驟主要是把藏在果實裡的咖啡豆取出。由於經過充分乾燥之後的果實，其果皮和果肉都變得易碎，所以可以就此把其中的咖

咖啡果實置於水槽

啡豆取出。最早之前，都是用人工敲擊來取豆，但現在這個過程都是交給機器來處理的了。

4. **挑豆**。這個過程和前面篩選咖啡果實的用意是類似的，只是此處所挑選的是咖啡豆而非果實了。因為即使果實經過篩選，其所取出的咖啡豆未必便是顆顆合格，多少都會有生長不完全等瑕疵的情形出現；再加上脫殼處理過程中，咖啡豆也可能遭到破損，這些都須要在此階段做挑選。

至於處理方法有很多種。簡單一點的方法，其運用的原理和果實的篩選法類似，就是只留下較重的豆子（或者說密度較高的豆子），其他那些較輕的豆子或雜屑，就以吹氣或震動的方法來過濾掉。

此外，精細一些的挑豆法又可分為機器和人工兩種方法。機器挑豆是利用電腦控制的光線系統，來測量豆子的色澤和密度，之後再自動進行篩除。這種機器處理的方法，是近來自動化設備發達之後才有的，的確能夠節省不少的人力。

也因為電腦選豆是近些年來才有的，所以在傳統上，大多還是以人工挑豆為主。它的方法是把脫殼完後的豆子，平鋪在一條寬約一米的輸送帶上，然後挑豆的工人便排排坐在輸送帶前，用目視的方法把經過

挑果實的情形

自己面前的不良豆挑出。同一批豆子，重複循環的次數愈多，瑕疵豆當然就會愈少了。至於該重複幾次，就端視農莊對品質的要求如何了。

由於此步驟旨在把瑕疵豆挑除，所以處理的工夫做得好不好，對品質便有很大的關係。強調品質的咖啡豆，不論其採用的是何種方式，皆會經過一定程度的挑豆；對於品質要求更高的業者，在人工挑豆時，其重複的次數也就更多次了。

挑豆分級

5. **分級**。咖啡豆挑好了之後，接下來就是分級了。所謂分級，就是把咖啡豆依某些方式，分成幾種不同的等級。咖啡豆因為等級的不同，其品質和價格也會隨著不同。

分級是有一定的規則和標準的，依每個國家或咖啡組織不同而有不同

日曬中的咖啡果仁

的分級法。關於咖啡豆的分級，我們會在下一章節裡做比較詳細的說明。

6. **磨光**。咖啡豆經過了前面的脫殼過程，雖然大體上都已處理完成，但包裹在咖啡豆上的那層銀皮此時卻仍在。這層銀皮，有點像花生米的那層薄膜，在烘焙的過程中會脫落並燒焦，造成烘焙上的困擾。

所以分級後的咖啡豆，還得使用專門的機器去掉這層銀膜，之後才能裝成一袋一袋直接送往市場上銷售了。

咖啡小語

市場上一般的生豆，大都是以麻布袋來封裝，有時從麻布袋的良窳，也可略窺其中的咖啡豆的品質如何。至於每一袋的重量則不一定，60 公斤幾乎是最常見的。

但聞名的牙買加藍山則稍有不同，它是採用木桶來封裝的，而重量也分為 30 公斤和 15 公斤二種。另外夏威夷的 Kona 豆，則採精緻麻袋裝，每袋 100 磅。

（圖片取自 https://www.flickr.com/photos/dfid/）

水洗法的處理程序

1. **篩選果實**。這個步驟的方法和前述的日曬法大體上是一樣的，都是把咖啡果實浸泡在水槽裡，一段時間之後，成熟的果實全沈到水槽下面，而雜質及未熟豆則會浮在水面上，用以剔除那些不好的果實（一般浸泡也不能太久，大概約 24 小時左右，否則果肉會發酵，進而影響豆子的風味）。

2. **去除果肉與果皮**。這個步驟主要是用專門的機器，把經浸泡的咖啡果實內的果肉和果皮除去。

3. **發酵**。經過了上一個步驟的處外理，這時就只剩下頭裹著一層黏膜的咖啡豆。這層黏膜並不太容易除掉，得放在槽內讓它發酵（用活水），黏膜才會慢慢被分解。這段發酵的時間一般約在 18 小時到 36 小時左右，接著將表面上的黏液質用水洗淨後，再利用太陽的照射

脫果肉機

在夏威夷 Kona 咖啡園的脫果肉機器

或用風（熱）使它乾燥。

但這並非一定，很多莊園都有其獨特研發的處理方式，發酵的時間也就各依其法了。至於豆子是否加水一起發酵，也端視其處理方法了。

4. **水洗**。顧名思義，這個步驟的重點就是利用水來清洗發酵完成的豆子。這個步驟完成的豆子，就只剩內果皮還包裹著。

咖啡果仁水洗

5. **脫水並乾燥**。因為經過水洗之後的豆子，含水率當然很高，所以接著得讓它乾燥才行，不然潮濕的豆子是很容易發霉的。此處乾燥的方法一般有二種，一是自然的日曬，一是用機器烘乾（這倒是和我們日常洗衣服的情形一樣了！）。

   日曬乾燥是較麻煩的方法，可能得花上 5 天以上才行。但有些農莊依然執著於此，據說如此處理的咖啡豆風味更佳。但絕大多數的莊園還是都採機器烘乾的方式，畢竟可大量縮短處理所費的時間及減少人工的費用。

   不過無論採何種方式乾燥，都得把咖啡豆的含水率降到 11%~13% 左右（最好是 12%），才利於往後的保存。

6. **脫殼取豆**。這個步驟，和前述日曬法的第 3 步驟「脫殼」意思是不相同的。此處的脫殼，是用機器把內果皮和銀皮一併處理掉，因此，處理完後的咖啡豆，就是市面上常見的咖啡生豆了。

7. **挑豆**。此步驟和前述日曬法的「挑豆」意義一樣，故不再贅述。

8. **分級**。此步驟也和前述日曬法的「分級」意義一樣，不再贅述。

經過以上的處理程序之後，就可以一袋一袋在市面銷售了。

咖啡小語

咖啡果實的處理，前述的日曬法與水洗法可說是二種最典型的基本方式。但在實務上，有一些莊園並非就一成不變地依照那些步驟的。他們混用日曬與水洗的各步驟，以取得更好的處理結果；所以處理方法並非一成不變的。

咖啡豆的分級

　　分級,對咖啡豆來說是一項很重要的事。等級的好壞,不但是某種程度上品質的保證,也攸關咖啡豆的市場價格。

　　至於分級的依據與標準為何,則得視各個國家或地區的咖啡組織如何定義了。而等級的名稱,當然也會因不同的區域而有所差別了!

咖啡豆的分級依據，一般而言都以下列三項為重要的參考因素：**瑕疵豆的多寡、豆子的顆粒大小、生長的高度**。

依不同的因素便有不同的分級法，以下，我們就來介紹一些比較常見和重要的咖啡豆，看它們是怎麼分級的。

以「瑕疵豆的多寡」為因素的分級法

（採用的國家：巴西、哥倫比亞、印尼、衣索比亞等）

此種方法是傳統最早使用的方法。其方式是隨意取出若干數量的咖啡豆做為採樣，把它放置於專用的黑色紙張上，再由鑑定師就其內含物做出等級的判別。

基本上所謂的瑕疵豆，大體上就是指那些黑掉、斑點、破裂、受蟲害或者是未脫殼完全的咖啡豆；只要樣本中有此種豆子，那麼便得扣分。另外，包括處理過程中可能留下的雜物，諸如石粒、乾果皮等等，一經發現也得扣分。

如此所得的扣分，便代表此批咖啡豆的分數，而各種等級便是以扣分的多寡來區別。

一般鑑定師以下列標準來扣分：

1. 黑豆一粒扣一分（如本頁上圖）。

2. 小石子一粒扣一分。

3. 大石子或鐵釘一顆扣 5 分。

4. 碎豆、木屑五粒扣 1 分。

5. 蟲害豆五粒扣 1 分（如本頁下圖）。

6. 酸豆二粒扣 1 分（如本頁下圖）。

7. 大乾果皮二個扣 1 分。

8. 小乾果皮五個扣 1 分。

9. 未脫殼豆五顆扣 1 分。

10.貝殼三個扣 1 分。

　　大家耳熟能詳的巴西豆，以前都是採用此種分級法的，但現今的巴西豆則並非全採此分級法。

　　採用此法的巴西豆共分為 7 個等級，依序為 NY2 至 NY8。一般若以美國精選咖啡協會（SCAA）的標準來看，大概只有最高的 NY2 級才能列入精選咖啡之林了！

　　另外東南亞的產豆大國印尼也是以此方式來分級的，但等級名稱則稍有不同，由上而下依序為 Gr1 至 Gr6 等 6 種（此處 Gr 即英文 Grade 的縮寫）。值得注意的是，著名的蘇門答臘曼特寧便是以此分級的。

　　大家熟知的哥倫比亞豆，基本上也是採用此種方式來分級，其等級則簡單分為 Supremo、Excelso、Extra 等三種。

　　產豆古國衣索比亞的咖啡豆，也是以上述方式來分類的。

以「咖啡豆的大小」為因素的分級法

　　（採用的地區：肯亞、波多黎各、新幾內亞、巴西…等等）

　　這一類的分級方法，可說是簡單明瞭，為許多新興產豆地區所常用；目前，也有許多高級的水果都採用此種方式作分類。

　　此分類的精神在於，對同一地區、同一品種的咖啡豆來說，豆子（或果實）愈大，很多時候就代表其生長時的狀況愈好，因此其所蘊含的風味也就愈佳了。

　　分級的方法很簡單，就是把咖啡豆置於底部有孔的容器（Coffee Mesh 我們叫它做篩網）內由大而小地做篩選，便可分出大小不同等級的咖啡豆了。

　　至於這個篩網的孔，其大小在咖啡業內是有一定標準的。孔的大小一般以 1/64 英吋為基本的單位，而孔的直徑便是以此來換算的。如果孔的直徑是 19/64 英吋，則便把它標示為 19，以此類推，便有 18、17、16 等等不同編號的篩網。而以篩選出來的咖啡生豆，通常也就被如此的稱呼了。

17 號篩網

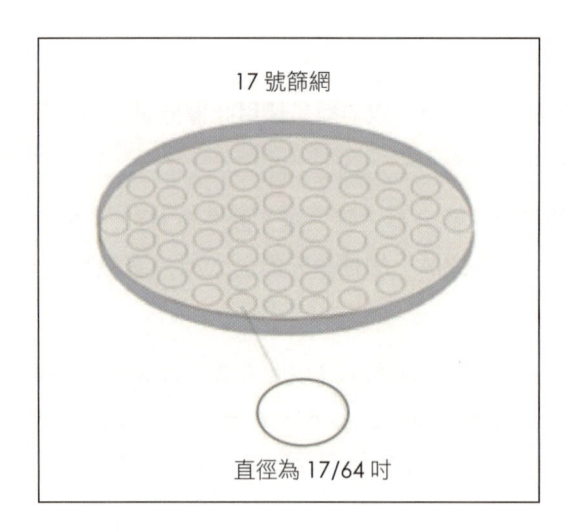

直徑為 17/64 吋

目前市面上的巴西豆，除了採上述傳統的瑕疵豆分法之外，有很多便是採用此法來分級的。

另外，此分級法亦有其他不同的標示方式。其等級名稱以文字母來區分，而每個字母有其代表的篩網編號範圍（請參考下表）。

	一般豆				圓豆
篩網編號	19~18½	18~17	16~15	14~13	12~9
等級名稱	AA	A	AB	B	PB

這個方法雖然比直接寫上編號要籠統一些，但卻也有簡單明瞭的好處，所以也有很多地方採用。如出名的肯亞 AA 豆，便是屬於此分類法，其他如波多黎各、新幾內亞等地區，也多採此分類法。

以「咖啡豆產區的高度」為因素的分級法

（採用的地區：瓜地馬拉、哥斯大黎加、墨西哥…等等）

我們在前面曾經提過，生長的高度對咖啡豆的品質或多或少會有影響。對於那些境內多山的國家來說，此點尤為明顯。他們咸認咖啡豆的生長高度愈高，其質地便愈細密堅硬，相對的咖啡豆的品質便會愈好，基於此種觀點，於是便衍生了這個以高度做區別的分級法（請參考下表）。

等級	產區高度
SHB（Strictly Hard Bean）	海拔約 4,500 英呎以上
GHB（Good Hard Bean）	海拔約 3,000~4,500 英呎左右
HB（Hard Bean）	海拔約 1,500~3,000 英呎左右
Pacific	當地的太平洋沿岸地區（1,500 英呎以下）

此分類法的等級名稱並非全如上表所示，但儘管每個地區會有其不同的簡稱，意義卻都是大同小異的。如以墨西哥地區的分級來說，它的最高等級便稱為 SHG（Strictly High Grown），名稱雖稍有不同，但意思卻是一樣的。

以「咖啡豆的大小及瑕疵豆的多寡」為雙重因素的分級法

（採用的地區：夏威夷 Kona、牙買加 Blue Mountain、哥倫比亞…）

此類的分級法，兼採前述第一和第二種的分級標準，在一個等級裡，不但有顆粒大小的分別，另外對瑕疵豆也有數量上的規定，是分級中比較嚴刻、也比較嚴謹的分類方式。

目前市面上，著名的牙買加藍山（Blue Mountain）、夏威夷可娜（Kona）等咖啡生豆，都是以此分級的。以下筆者就以夏威夷可納咖啡豆為例，做簡單的說明：

	一般豆（扁平豆）			圓豆
等級名稱	Extra Fancy	Fancy	Prime	Peabeary
篩網編號	19 以上	18~17	16 以下	12~10
瑕疵豆的數量	少於 10 個	少於 16 個	附註說明	少於 20 個

附註說明：此處缺陷豆的數量限制，以重量為計，不得超過樣本重量之 1/20，且其中黑豆和已發酵之生豆重量，不能超過樣本重量之 1/30。

牙買加藍山的分級，大體上和上述類似，只不過其等級的名稱和其中的一些小細節稍有不同罷了。簡單來說，除了圓豆自成一級之外，其一般豆的等級名稱依序為 No.1、No.2、No.3 等三種。

咖啡樹的種子（Parchment）

　　另外，大家所熟悉的哥倫比亞豆，有的也會採用此法來自成一級。比如說市面上風評不錯的「Supremo 18」，便是從 Supremo 等級中再篩選出大於 18 號的豆子而來的。

　　一般來說，哥倫比亞咖啡分為 Supremo、Excelso、Extra 等三級，其中以 Supremo 為最高級，而 Excelso 級是由 Supremo 與 Extra 所混合而成。

常見的咖啡豆之特性

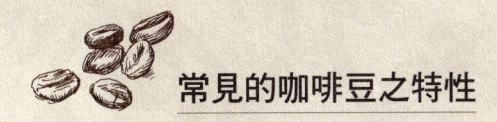

Blue Mountain 藍山咖啡

　　牙買加藍山在咖啡界是無人不知的地方，其附近一帶有許多的小型咖啡莊園。由於藍山地區得天獨厚的氣候和地理環境，造就了咖啡生產的優勢條件，使得當地生產的咖啡豆，都具有高水準的品質。

　　藍山地區海拔 7,000 英呎，嚴格來說真正能被稱為藍山豆的咖啡樹，均須種植於海拔 4,000 至 5,000 英呎之間的地帶。每當中午過後，藍山山頂時常烏雲密布，形成咖啡樹的天然遮蔭。飽富水氣，充足的日曬以及日夜溫差大，如此的氣候使得咖啡果實轉紅的速度變得較緩慢，果實裡澱粉轉

牙買加藍山豆的咖啡莊園（圖片取自 Kitty Schweizer 一書）

換糖的過程也趨緩，藍山豆的風味及香味也因此更加一等。

真正的藍山豆產量非常有限，牙買加全國各地一年約生產 250 萬公斤至 300 萬公斤的咖啡，但符合牙買加咖啡局認證的純藍山豆，年產量只有 60~70 萬磅。

基於上述優異的天然環境，加上用較精細的水洗方式處理生豆，以及牙買加咖啡局的中央集權式的管理，純藍山豆一直保持著相當高的品質；它的酸、甘、醇非常平衡，味道芳香，口感滑順，如此的完美品質，造就其成為聞名全球的極品咖啡，是為 King of Coffee。

目前牙買加境內生產藍山豆的咖啡莊園，其中約 80% 已為日本人所收購。

Kona 可娜咖啡

夏威夷州是美國各州中唯一生產咖啡的地方，從 1829 年開始栽培，栽培歷史久遠。生產技術十分現代化，單位面積生產量也很高。

每年全州各島共生產約 5 千萬磅的咖啡豆，但只有 2 百萬磅是真正栽培（種植）於夏威夷的大島——可娜區；此地區所生產的咖啡才是 100% 純可娜（Kona）咖啡。市場上每年超過 2 千萬磅號稱可娜咖啡被消費者購買或飲用，其實裡面大概只含有 5~10% 的可娜咖啡。

Kona 咖啡的袋裝生豆

可娜咖啡樹生長於火山土壤中，土質頗為肥沃；充沛的雨量和午後就烏雲密布形成巨大的天然遮蔭，且毫無霜害也從來沒有病害和蟲害之虞，如此環境下所產出的可娜咖啡豆體型大，外表呈淡綠色；質地較堅硬，並帶有濃烈的酸味、奇特的巧克力味與杏仁香。味道渾厚、口感甘飴，質感濃醇更勝藍山咖啡，深受老咖啡客的喜愛，可說咖啡中的極品。1998 年以後每年被 ICO（國際咖啡協會）及 SCAA（美國精品咖啡協會）評選為世界最優質咖啡的金牌，品質勝過藍山咖啡，是為 Queen of Coffee。

Guatemala 瓜地馬拉

　　瓜地馬拉咖啡栽種始於 1850 年，大多栽培在山脈的斜面。豐富的降雨量和肥沃的火山灰土壤是其得天獨厚的自然條件。特別是在標高 1,500 公尺高地的安提瓜地區（Antigua）所生產的咖啡，無論是酸味、濃醇度等皆稱得上是世界上一流的咖啡。

　　其他如可班（Coban）、薇薇特南果（Huehuetenango）咖啡，在世界上也相當有名。

　　產自海拔 4,500 英呎以上的稱為「極硬豆（Strictly Hard Bean SHB）」，4,000 英呎~4,500 英呎的稱為「硬豆（Hard Bean）」，皆屬於阿拉比卡種咖啡豆。

Brazil 巴西咖啡

　　巴西咖啡約占世界產量的 30%，位居世界第一。正式栽培於 1850 年左右，從巴西東南部的聖保羅州開始栽培，而逐漸延伸到南部的哥雅斯州、巴拉那州等。當地的土壤一般是赤紫色，土地肥沃，排水也十分良好，頗為適合咖啡的生長。

　　大家一提到巴西咖啡就會聯想到聖多斯（Santos）咖啡，其實聖多斯只是出口咖啡的港口名稱，並不出產咖啡。

　　巴西咖啡大多是阿拉比卡種（約 65%），用乾燥式（Sun Dry）處理法，巴西豆中以 S-17/18 的產量最多，最普通的咖啡豆，但篩選情形參差不齊。其香味、口味皆乏善可陳，幾乎沒有酸味，是用來當混合咖啡中的基豆。其 S-18/19 是最高級豆，但產量不多。

Columbia 哥倫比亞咖啡

哥倫比亞咖啡最早於 16 世紀從海地經薩爾瓦多傳來，但於 18 世紀末 19 世紀初才大量栽種。種植的地區主要在境內的安蒂斯山脈，海拔約 1,300 公尺，氣溫約 7~18℃，年降雨量為 2,000~3,500 毫米，土壤為弱酸性。

此地區產出的咖啡皆為阿拉比卡種，用水洗處理法，品質良好。烘焙後的哥倫比亞咖啡會散發一種甜香、口感滑順、具有獨特的酸味，宛如咖啡中的紳士，一切皆中規中矩，所以有人說，一個人是否 Gentleman，看他點哥倫比亞咖啡就一目了然。

哥倫比亞豆以 Supremo 為最高等級，Excelso 為上選級。產地以西部的麥德林（Medellin）最多。其他還有亞美尼亞（Armenia）及馬尼桑雷斯（Manizales）等。

哥倫比亞山上星羅棋布的小加啡園

Java 爪哇咖啡

印尼是世界第二大的羅布斯塔咖啡（Robusta Coffee）的生產地，分布於境內的爪哇島、蘇門答臘島、蘇拉威島等。特別是爪哇所生產的咖啡豆，是羅布斯塔種等級頗高的咖啡豆，其中叫 W.I.B 的圓形豆是最高級品，非常適合用來混合咖啡。羅布斯塔咖啡一經烘焙即呈現出苦味、香味幾乎沒有，也沒有酸味，經常被用做即溶咖啡。

印尼的咖啡園大多數為小型農園，由仲介商收集出售，因此品質並不均勻，乾燥的程度也參差不齊。產品種類繁多，有曼特寧、卡洛西（Kalosi）、AP-1、黃金曼特寧…等，其中以卡洛西最頂級，但產量並不多。

曼特寧咖啡（Mandheling）因有良質的苦味，非常受台灣的消費者喜愛。以 G1~G4，代表所含瑕疵豆的量來分級，G1 為最高等級。由於曼特寧多為深烘焙處理（重火），口味頗為濃稠，所以有些人以巴西豆來調和，稱為「曼巴咖啡」，此咖啡亦是台灣的特色。

Mocha 摩卡咖啡

摩卡咖啡分為二種。一是摩卡馬塔里（Mattari）咖啡，產於葉門；一是摩卡哈拉咖啡，產於衣索比亞。

- 摩卡馬塔里咖啡是位於中東阿拉伯半島西部的葉門所產的。咖啡的生產歷史久遠，品種全為阿拉比卡種，而以布魯本種為主。經過水洗處理後是相當優質的咖啡。具獨特的香味及酸味，口味芳醇，被稱為「咖啡女王」，可惜因人口外流，勞動力不足，真正的摩卡馬塔里咖啡產量非常少（幾乎消失）。

- 摩卡哈拉咖啡是衣索比亞的咖啡，全是阿拉比卡種。衣索比亞的氣候因標高的不同而有變化，高原地區雨量多，所以這裏的野生咖啡樹生長的十分茂盛。摩卡哈拉咖啡有獨特的香味和酸味，經過水洗處理是後是相當優質的咖啡。其經過輕度烘焙所散發出的香味、酸味皆強，但中度烘焙則兼具苦味和酸味形成一種獨特的味道。

Ethopia 衣索比亞咖啡

　　衣索比亞咖啡是阿拉比卡咖啡的發源地，是世界第五大產咖啡國。它代表性咖啡是 Yirgacheffe（耶加雪菲），也是衣索比亞精品咖啡。

　　衣索比亞咖啡種植面積不大，海拔 1,700 公尺 ~2,000 公尺，是屬於希達莫（Sidamo）產區之一；但 Yirgacheffe 是水洗發酵，而 Sidamo 是屬於於日曬發酵，所以兩種咖啡的風味與香氣完全不同。Yirgacheffe 口感濃郁有茉莉花與檸檬香，並有微微的辛香，其風味帶有檸檬與乾果，甜度與酸度鮮明。

Kenya 肯亞咖啡

　　肯亞咖啡是於 1893 年由現今留旺島（波旁）引進來的。由於咖啡生長於極高的海拔上（約 5,000 英呎），經過水洗處理，喝起來質感很好，香氣襲人，具有適度的酸性，且味道濃厚，是上上品的咖啡。

　　肯亞咖啡共分為 AA、A、AB 及 B 級，其中以 AB 級出口最多，約占 50%；另外還有 AA++ 等特優級咖啡，且會有 5% 圓豆（Peaberry）更是可遇不可求。

　　由於肯亞咖啡品質精良，且肯亞被譽為「東非的瑞士」全國共有約 300 處小栽培莊園，一年可生產 200 萬至 250 萬袋，95% 出口到世界各國，並以歐洲地區為大宗。

Costa Rica 哥斯大黎加咖啡

於西元 1779 年由西班牙旅行家納瓦洛從古巴帶來。它主要產於面向太平洋的中央高原地梅塞塔、聖多拉爾及東部加勒比海（大西洋）方面亞特蘭地克區域。由於產區皆位於火山周圍，屬高地栽培的咖啡豆，厚度整齊，口味純，如依烘焙程度不同，能變化各種不同風味。

哥斯大黎加咖啡是中美洲軟性咖啡的代表。咖啡豆屬於大粒豆型，其性微苦具有清香，酸性較強但很柔和，缺點是後勁較乏味，但亦屬上乘的咖啡。

Tawian 台灣咖啡

　　台灣最早種植咖啡是 1884 年英國人（德記洋行商人）自錫蘭引進「Arabica」種苗試種於台北三峽區，但試種三次皆失敗，到了 1902 年才有人從印尼爪哇引進、並於屏東恆春試種的。1927 年再由日本木村咖啡株式會社於嘉義的紅毛坡開始栽種，而後擴展到雲林的古坑、南投的惠蓀、花蓮的瑞穗等地。全盛時期，荷苞山滿山遍野皆是咖啡樹約有 67 公頃，因此荷苞山早年又叫「加比山」。

　　台灣咖啡是屬於家庭庭園式的栽培，稱不上所謂的「咖啡農莊」。由於土壤、氣候的因素，其味道較淡不苦、不澀、不酸也沒有後勁，略似巴西的山多士咖啡（可參考巴西豆的簡介）。

　　因近年政府提倡一縣市一特產的農業政策，雲林古坑咖啡經過上任及現任鄉長的重視與推動，加上鄉公所的農經課全體人員的努力推廣與輔導皆有目共睹，雲林古坑華山自 2003 年起每年皆舉辦盛大的咖啡相關活動，當時古坑鄉長謝淑亞與當時華山社區發展協會吳永堃理事長共同將「台灣咖啡」的名號炒熱起來，且種植範圍也已不再侷限於南投惠蓀、雲林古坑、台南東山、花蓮的瑞穗、嘉義阿里山等地，目前其他地區也紛紛起而效仿。

據筆者所知，其他新興的咖啡版圖目前也迅速蓬勃崛起。近年來南投名間鄉、國姓鄉及水里鄉開始棄茶改種咖啡。筆者 2004 年所引進的夏威夷 Kona（可娜咖啡種子）於南投、雲林地區栽植。由於新品種的引進，相信未來台灣咖啡的品質，將因一群咖啡同好們的努力，能夠大大提升，而台灣的咖啡消費者們也將有更高品質的咖啡可喝。讓我們拭目以待吧。

> **咖啡小語**
>
> 咖啡豆在不同的情形下，會有不同的稱謂。以下筆者為大家簡略的介紹各種不同名稱的意義
>
> 1. 未經烘焙的咖啡豆叫「生豆（Raw Bean 或 Green Bean）」
>
> 2. 烘焙完成的豆子叫「烘焙豆（Roastd Bean）」
>
> 3. 剛採收的生豆稱作「當季豆（Current Crop）」
>
> 4. 當年（第一年）所採收的咖啡豆叫「新豆（New Crop）」──水分較多，外觀為綠色或深綠色，看起來很新鮮也有光澤。
>
> 5. 前年收穫的咖啡豆叫「舊豆（Past Crop）」
>
> 6. 庫藏太久（2~3年）則稱「老豆（Old Crop）」──將 New crop 保存在常溫（20℃左右）由於已經充分乾燥過了，水分相當少，是乾枯的生豆。外觀為淡黃色、淡茶色。
>
> 7. 老豆不等於陳年豆（Aged Bean）──老豆通常是滯銷品，是無內果皮（Parchment）的保護。而陳年豆除了有內果皮之外，還必須經過特殊的儲存和歲月的洗禮。通常若保存得宜，陳年豆常保有濃醇的風味。

咖啡的烘焙

烘焙的發明

烘焙的基本原理

咖啡烘焙的工具

咖啡烘焙程度的分級

烘焙對咖啡豆的意義

即使是再好的咖啡生豆，
也得經過適當的烘焙，
才能成就一杯完美的咖啡

烘焙的發明

　　生咖啡豆須要經過烘焙，才能展現迷人的味道，這是目前大家普遍都知道的事實。但對咖啡被發現的初期來說，這可是相當不簡單的一種創舉。

　　依筆者目前蒐集的資料來看，也沒有人敢確定的說，咖啡豆的烘焙究竟是誰發明的。在最初，人們是直接把咖啡果實拿來和水一起煮的，這種方式可說是人類先天上的習慣，就如同煮食很多東西是一樣的。

　　但在某種因緣際會之下，人們突然發現，生的咖啡豆經過火烤了之後，竟變得十分的香，從此便開始有人改變以前的習慣，將咖啡的果實在煮食之前，先在火裡燒烤一回，等到它慢慢變香了之後，再拿來煮。

　　這其中的典故，我們在最前面的「咖啡的歷史」也曾提到過，某個位高權重的修道院院長，把咖啡視為魔鬼的飲料，因此利用權勢要把所有的咖啡都銷毀。但就在燃燒的當中，卻無意中發覺，被火燒了之後的咖啡豆竟是如此的香，這個變化不但感動了那個執意要銷毀的修道院院長，使咖啡豆得以留存，更讓喜愛咖啡的人們知道了咖啡另一層神秘的魅力。

　　另外也有一種說法，認為可能是當地的人們，把長滿果實的咖啡樹枝拿來當柴燒，無意中卻發現經火烤後的咖啡豆會發出奇特的香味，這個現象實在令人驚奇，從此便開始有人把咖啡果實刻意地先經過火燒之後再煮食，由於如此的處理，要比先前直接水煮時更香，久而久之便有了烘焙的雛形。

早期簡易烘焙咖啡豆的方法,約 1890-1910 年(圖片取自 Natalie Ward)

　　上面的說法,究竟是否屬實已不可考。但無論如何,我們可以肯定人類聰明的老祖宗們,老早在很久以前就已知道,烘焙這個過程對咖啡豆來說,有著如同魔術般的神奇效果,它讓原本看起來毫不起眼的咖啡生豆,一變而成為迷人且香氣飄逸的咖啡熟豆。

烘焙的基本原理

　　咖啡的烘焙，有許多不同的方式和技巧。

　　每一位烘焙者本身的經驗，對不同的咖啡豆的認知，以及所使用的烘焙機等等，這些因素都會造成烘焙方式的差異。

　　舉一個最簡單的例子來說，不同的咖啡豆，適合不同的烘焙深度，而深、淺烘焙在烘焙時間上就有極重要的差別。

　　另外，即使是相同的烘焙深度，也會因人而異產生出許多不同的烘焙方式。這個道理就如同我們在煮菜是一樣的，究竟是要細火慢燉好，還是大火快炒好，便全憑每位烘焙者個人的經驗和對所烘焙的咖啡豆的認知。

　　當然，使用不同的烘焙機，在烘焙技術上的要求也會不同。一套價值上億的全自動電腦控制的咖啡豆烘焙系統，和一位咖啡愛好者在家裡所使用的小型家用烘焙機，除了價格的差距之外，整個烘焙的流程，及烘焙時所須的知識也都不盡相同。

　　總而言之，咖啡豆的烘焙要真細究起來，講個三天三夜都無法道盡。但烘焙這個工作是在咖啡的處理過程中，最難的一個步驟，它是一種科學也是一種藝術。若想要全盤瞭解咖啡，可絕對忽略不得。因此筆者在此以簡述和歸納的方式，儘量把烘焙的原理和過程以化繁為簡的方式表達，以期對咖啡有興趣的讀者們都能對烘焙有一更清晰的認識。

現代的熱風式烘焙機

簡單的來說，無論使用何種烘焙方法，也無論預計要烘焙的程度是如何，大體上咖啡豆的烘焙都可以大略分為以下三個不同的過程：

1. 烘乾生豆內含的水分

生豆一般都含有約 12% 左右的水分，因此烘焙的第一個步驟便是要去除這些豆子內含的水分。

當溫度隨著烘焙機的運轉慢慢升高時，生豆內部的水分會因熱氣而逐漸蒸發，這時生豆表面上的那層銀膜會開始脫落（在炒花生豆時也會有一層薄薄的膜脫落，和這裡所說的銀膜是類似的），此時生豆開始有香味產生。

這個階段主要的目的是去除生豆之內所含的水分，所以時間的長短得視不同的生豆而定（水洗式處理的生豆，一般內含的水分會比日曬法處理的生豆來得多些）。不同的烘焙師父，在這個階段可能就會產生很大的差異了。相同的豆子，若以不同的時間和溫度來烘乾水分，就會產生不同的風味。此階段時間的拿捏，會影響下一階段的進行，並關係著咖啡豆的品質，一般而言，若時間過短，咖啡豆的風味便難以完全發揮；但若時間過長卻又極易造成過火的焦碳味，並因此而產生不該有的雜味。

以筆者的觀察，通常此階段所佔的時間，約為整個烘焙過程的一半左右，這個階段火候控制得好，有助於下個階段火候的調整與進行。

2. 高溫烘焙，使咖啡豆內部產生物理性變化

當生豆內的水分經過上一步驟的烘焙，開始慢慢達到沸點而蒸發為氣體時，便會往咖啡豆外部釋放。隨著溫度持續上升，這時生豆會由原本第一階段的吸熱，轉變為釋放熱能，咖啡豆本身也開始產生變化。咖啡豆內部的細胞壁因膨脹而破裂，並伴隨而來嗶嗶、啵啵的聲音，此聲響在烘焙時間的控制上極具參考價值，一般烘焙師都稱它為「第一爆（Crack）」。

此時咖啡豆內部因為壓力極大，高溫與高壓使得咖啡豆的性質產生徹底的結構性變化，咖啡各種豐富的味道便在此時形成。另外，咖啡豆的顏色也由淺褐色慢慢轉變為褐色了。

「第一爆」的發生時間通常在攝氏 190~200 度左右（但這只是理論值，

右圖為「第一爆」之後檢視咖啡豆顏色的步驟

由於室溫的不同,以及烘焙機的溫度偵測置放處不同,在實際的烘焙過程裡,這個溫度只是一個參考值)。當「第一爆」過後,咖啡豆內的溫度由於放熱過程而逐漸下降。此時若烘焙仍持續進行,則隨著烘焙溫度的再度上升,咖啡豆會再進行一次吸熱,並在溫度到達某個臨界點時轉為放熱,並再一次發出聲響,我們稱此為「第二爆」。

「第二爆」的發生,一般約在攝氏 205~215 度左右,經過「第二爆」的咖啡豆,顏色又由深褐色轉變為黑褐色,甚至在豆子的表面上會分泌出發亮的油脂。

咖啡豆的烘焙,基本上皆需經過「第一爆」這個階段,但是否需要達到「第二爆」,就視所要求的烘焙深度而定了。

3. 將咖啡豆移出烘焙容器並使之冷卻

　　咖啡豆經過了前述二個階段後，基本上已算完成了烘焙過程。一旦確定達到所要的烘焙深度後，接下來便要將咖啡豆移出烘焙的容器，並儘速使之冷卻。

　　冷卻的方法很簡單，一般都是透過空氣來使咖啡豆降溫。專業用的烘焙機都會設有冷卻用的托盤，托盤內有可旋轉的推臂，底部並設有抽風裝置。當烘焙好的咖啡豆卸入托盤，透過風扇抽送冷空氣，及托盤內推臂的攪動，咖啡豆本身的溫度便會迅速地降下。

　　冷卻這個步驟還算簡單，但此階段有一個重點——拿捏咖啡豆移出的時間點。

　　當烘焙機的熱源被關掉時，咖啡豆所處的內爐，溫度可還是挺高的。有的烘焙師便會刻意在此時讓咖啡豆在烘焙的容器內多停留一會，就好像飯煮熟之後還蓋著鍋蓋多燜它一回一樣。至於燜的時間該多久，是否每一位烘焙師父都是如此，或者每一次的烘焙都得如此，那可就因人而定了。

　　此外，如果讀者用的是簡單的家庭用烘焙工具，那麼冷卻的步驟就得多靠自己囉。不妨在烘焙之前便先準備好用來冷卻的容器，攪動用的勺子和

咖啡豆烘焙完成，出豆於冷卻槽。

咖啡豆冷卻後，送入包裝槽。

電扇。在此提醒各位讀者，可別以為冷卻是小事，所以就偷懶不去理它，因為剛烘焙好的豆子內部的溫度仍極高，若不儘速將之降溫以阻止其高溫裂解作用，那麼咖啡本身的風味極有可能會在此過程中流失，那麼前面辛辛苦苦烘焙的成果，可能就為了這個小小的疏忽而打了很大的折扣了。

另外有一點在此附帶一提，筆者認為基本上冷卻的方式用最自然的空氣降溫比較好些。有些大型商業烘焙冷卻的方式是以灑水來降溫，雖然如此會使冷卻的效率更好，但灑水量的控制卻得極為精準才行，否則過多的水份反而容易讓咖啡潮濕而失去了風味。

第三個步驟比起前二個，算起來要簡單許多。尤其專業的烘焙機均設有咖啡豆的冷卻裝置，只要把豆子卸入冷卻托盤，並記得啟動冷卻風扇，整個烘焙作業就差不多完成了。筆者之所以特別把它劃分成第三個階段，主要在藉此明顯地區分出每個不同的步驟，在烘焙過程中所個別具有的意涵。透過對每個步驟所特有意涵的認識，讀者能更易於瞭解整個烘焙的大概。

　　總括上述的三個流程，每個步驟都有它不同的特點。對這些特點的拿捏如何，便構成了烘焙者的風格。相同的豆子，透過不同的烘焙師父，常會呈現出不同的風味來，這是極有趣的情形；而對烘焙者本身來說，如何精準地詮釋咖啡豆本身的風味，也是頗富挑戰性的工作。

　　烘焙本身是個極具專業的工作，不但得熟稔上述的烘焙流程，還得對烘焙機的特性有一定程度的瞭解才行，至於對咖啡豆本身的瞭解更是不可少。

　　所以一位優秀的烘焙師，都是透過不斷的嚐試，不斷的經驗累積而來的，對咖啡的各種修養也絕對都是一流的。美國著名的咖啡大師畢特先生（Alfred Peet），便是一位極優秀的咖啡烘焙專家。其對咖啡界的貢獻與執著，備受業界所推崇。

咖啡小語

　　烘烤咖啡豆是一門藝術。在烘烤的過程中，咖啡豆會產生風味和香味，若沒有這個過程，杯中的咖啡味道會明顯的不足。烘烤過程中，熱能將使咖啡豆產生一系列化學反應，碳水化合物會轉化為焦糖及上百種的芳香物質，另一些成分則被高溫破壞了。咖啡豆經過高溫烘烤其細胞結構會分解，像爆玉米花一樣發出「嗶嗶、啵啵」的爆裂聲。此時蛋白質會轉化成酶，並在豆子的表面形成一層油，而水分和二氧化碳則會被燃燒掉。若烘烤程度較黑時，就會有純碳產生。其中咖啡因的含量在烘焙前後幾乎沒有變化。

咖啡烘焙的工具

烘焙是件絕對專業的工作，
所以，想要一杯好咖啡，
還是把它交給專業的烘焙師吧…………

回顧咖啡的歷史，咖啡烘焙的發展，19世紀初期到中期算得上是個很大的轉捩點。那時商業烘焙機在歐洲和美國陸續誕生，使得咖啡烘焙業者的產量大大的提高，而烘焙的品質也更趨穩定。如此的進步，間接地促成了咖啡的普及和商業咖啡的興起。

那麼在這些商業烘焙機發明之前，咖啡豆又是怎麼烘焙的呢？其實早在很久之前，阿拉伯人便已懂得咖啡必須經過烘焙才更好喝的道理，那時當然也會有他們自己獨特的烘焙方法。但因年代久遠，最早的烘焙究竟係於何時開始，其方法為何，現在都已無法得知。

為使讀者易於瞭解，筆者參考了許多有關咖啡的書籍，對於烘焙的發展歸納出三個不同的進程，並簡述於下：

1. 用炒的方式來處理咖啡生豆

咖啡生豆聞起來是沒有香味的，當人們開始意會到經火烤過的咖啡豆會變得極為芳香後，在煮食咖啡之前，便要先把它放在火上烤一烤。但咖啡豆在烤的過程中必須不時的翻動，否則很容易因受熱不均而焦黑；久而久

之，便發展出炒咖啡豆的方式。

這種炒咖啡豆的方式，和炒花生米相當類似。大家都知道，花生是個很古老的農作物，炒咖啡豆的靈感或許來自於它也説不定呢！

在 19 世紀初，美國一度很流行買咖啡生豆自個兒在家中炒咖啡，其所使用的絕大多數都是這類的方法。但如此現炒現沖雖然最為新鮮，而且有滿室生香的效果，卻是相當麻煩的。為了保持咖啡豆在平底的鍋子裡能受熱均勻，炒豆者不但得一手握鍋把的長柄，不時搖晃移動；另外還得不停地用鏟子翻動咖啡豆。往往一場炒豆下來，弄得灰頭土臉，筋疲力竭。

以咖啡烘焙的原理而論，這個方法是很難製作出令人激賞的咖啡豆，它的好處就只在於新鮮罷了。原因很簡單，用這個方法，咖啡豆受熱不均的程度會很明顯，有的過深有的又過淺，泡出來的咖啡當然就不會太好喝囉。此外，溫度的限制也是一個問題，我們前面有提過，「第一爆」的溫度約在攝氏 190~200 度左右，「第二爆」更高達 205~215 度，如此的高溫用炒的方式是很難達到的，所以由此種方式炒出來的咖啡豆，是很難完全呈現咖啡本身豐富的滋味的。

但是若諸位讀者有興趣，想自己嚐試看看，那就另當別論了。畢竟對一個咖啡愛好者來說，喝杯自己炒出來的咖啡，或許會別有一番滋味與成就感吧！但筆者在此還是要提醒各位，炒咖啡豆時要注意用火的安全！

2. 用爆米花的方式來處理咖啡生豆

隨著各種技術的進步，咖啡豆的處理方式也跟著慢慢改良。於是之前用來炒豆的鍋子，變成了密閉的容器，此種改變，使得烘焙咖啡的溫度得以提高不少，改善了上述所提到的缺點。

如果各位曾看過爆米花的經過，那麼就更容易明白這裡所述的方法。爆米花最後的那個爆響，和咖啡豆的「第一爆」相當類似，經過了那一爆，整個結構被破壞並重組，體積也變得比先前要膨脹了些。

但是，溫度提升速度過快、以及溫度不易控制，是此法最大的缺點。

目前市售的家用小型烘焙機，也有許多款式是以此法出發來設計的。對於業餘者自個兒在家使用，確實是方便許多，烘豆的品質一般也比前述的方法來得好。但若讀者對咖啡的品質要求很高，那麼還是得透過專業烘焙

圖為中東地區早期採用爆米花式烘焙咖啡豆

師操作專業用的烘焙機,才能使咖啡豆的品質得到最佳的發揮。

3. 使用專業烘焙的機器

隨著 19 世紀工業的逐漸發達,烘焙咖啡的機器也跟著有了長足的進步。到了西元 1850 年左右,無論是歐陸、還是美國,商業用的大型咖啡烘焙機已相當普及。

當美國一位熱衷於咖啡烘焙的柏恩斯(Jabez Burns),在 1864 年發明利用熱風來烘焙咖啡的烘焙機後,咖啡烘焙的時間又可以更加縮短,烘焙品質的一致性也較高;姑且不論如此的烘焙是否最佳,但商業大量烘焙卻因此更形興盛(依據筆者的瞭解,柏恩斯也是第一個在咖啡烘焙機的出豆口上,裝置冷卻盤的發明者)。這對咖啡工業的發展具有很大的影響,

此時美國這個咖啡的消費第一大國，紛紛出現了大型的烘焙商，咖啡巨大的商機不僅造就了許多富賈，透過了各家咖啡烘焙公司的大量文宣和廣告，咖啡更成為人人皆知的商業飲料。

談到這兒，我們得再回過頭來講講大型烘焙機的一些相關的知識。

專業用的咖啡烘焙機，一般可以歸納為二種不同的型式：**直火式**和**熱風式**。這二種烘焙機，各自利用不同的熱傳導方式使咖啡豆受熱，所以烘焙出來的效果不盡相同，所導引出來的烘焙理論也不同，以下我們就其特性分別予以介紹：

大型專業烘焙機

咖啡的烘焙　103

1. 直火式烘焙機

　　此類型的烘焙機，共同的特點在於，盛裝咖啡豆的滾筒都是直接在火上受熱的。廣泛的說起來，人類最初的烘焙方法都是以此種直火的方式進行的。

　　直火式烘焙機的火源一般皆設於滾筒的下方，烘焙時火源便直接加熱其上的金屬滾筒，透過熾熱的滾筒壁的熱傳導，當咖啡豆與金屬壁接觸時便能受熱。烘焙時的滾筒一直都是轉動著的，透過滾筒不停的轉動以及滾筒內的攪拌棒的翻動，每顆生豆受熱的程度便能更形均勻。

　　最早的大型商業烘焙機都是來自於直火式的。由於它是透過金屬滾筒傳熱，所以在火候上的控制較為容易，機器操作的難度並不高；再加上其運用的原理十分普通，機器構造也不會很複雜，在早期的商業烘焙萌芽時期，曾經大放異彩，一時之間不同設計的直火式烘焙機如雨後春筍般地出現，在咖啡烘焙史上留下一頁璀璨的紀錄。

　　但直火式烘焙機也有不少的缺點，由於滾筒的導熱速度有限，所以烘焙的時間相形之下便需較久的時間；另外，生豆和金屬壁的接觸時間很難控制，所以容易造成烘焙不均的情形。

2. 熱風式烘焙機

　　熱風式烘焙機顧名思義便是以熱風（空氣）為熱傳導的媒介。透過生豆和熱空氣的接觸，達到加熱的目的。

　　此種類型的烘焙機，構造上要比直火式的來得複雜些。一般而言，相同容量大小的滾筒，熱風式的烘焙機都會比直火式的來得大上一些。

　　想出利用空氣來加熱咖啡豆這點子的人，就是上面曾提及的美國人柏恩斯。他把傳統直火式的火源從滾筒底部移至它處，讓加熱後高溫的空氣，經由鼓風機進入滾筒，生豆便不再透過滾筒的金屬壁來加熱，而是直接在空氣中吸收熱能。

　　熱風式烘焙機的好處，便是節省時間和能源；另外，生豆的受熱也能較為平均。但缺點是在火候上的控制較直火式來得不易拿捏。

　　以上簡述的這二種不同的類型的烘焙機，大概是專業烘焙機的原型了。當然，市面上還有許多不同發明的烘焙機，但大體上都是植基於此二種而

來的。值得一提的是,直火式的烘焙機現在幾乎都已被改良過的半直火式（或稱半熱風式）烘焙機所取代。此種烘焙機基本上是兼採直火和熱風同時進行,火源一樣仍置於滾筒下方直接加熱,但烘焙時則有幫浦會把熱風往滾筒送,如此使得生豆的受熱能更為均勻,比起傳統的直火式的烘焙效率也提升不少。

另外,近幾十年來還有一種新設計的烘焙機,它的內部已沒有了滾筒,取而代之的是烘焙室底部的強力送風機。由於烘焙程度愈深,咖啡豆內的水分便會愈少,重量也就隨著變得較輕;於是當底部的熱風往上吹時,烘焙程度不夠的豆子便會往下掉落。因為底部靠近火源,吹出來的熱風溫度較高,那些含水分較高的豆子掉落後,便能獲得較高的熱能,如此反覆進行,自然能烘焙出比重相近,烘焙度均勻的咖啡豆了。

這種利用咖啡豆含水量（比重）所發展出來的烘焙機,相較而言是比較新穎的概念。至於孰優孰劣,不同的機器,都各有一套不同的烘焙理論,只要能夠烘焙出好喝的咖啡豆,都是值得咖啡愛好者的喝采的。

圖為專業烘焙廠

咖啡烘焙程度的分級

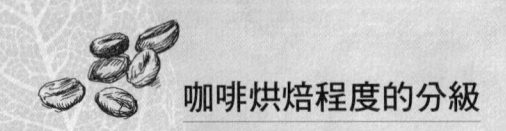

咖啡豆因烘焙程度的深淺，約略可分為數個等級。儘管分級的說法各家不同，但都大同小異。以下是筆者較常採用的烘焙深度分級法，約略簡述如下：

極淺烘焙（Light Roast）：

這是極淺的烘焙，此時的咖啡豆拿近鼻子聞時，咖啡豆的青草味十分明顯。此級所沖泡出的咖啡液，酸性強且帶澀味與青草味，咖啡該有的風味發揮尚不完全，故極少被採用。

淺烘焙（Cinnamon Roast）：

又稱做「肉桂色烘焙」，比起上面的淺烘焙要深一些，但香氣中仍帶有一些青草味。此等級的烘焙，大概在第一爆發生後即起鍋，所以要烘得好並不簡單，火候和時間一控制不好，咖啡豆的風味發揮便不完全。

為了達到風味發揮完全，但又要保持在此等級的烘焙深度，有的便會採用「雙重烘焙（Double Roast）」的方式來處理。先把生豆的水分烘乾之後，隔天再做一次烘焙。但由於此法費事許多，現在已很少被採用。

由於此等級的烘焙極易產生烘焙不完全的情形，且此時的咖啡酸性仍強，故除非特殊要求，一般市面上也很少見到肉桂色烘焙的咖啡豆。

中度烘焙（Medium Roast）的咖啡豆

中度烘焙（Medium Roast, Regular Roast）：

　　這個烘焙等級市面上較常見，一般我們所見到的較淺的烘焙大概都以此等級為起點。

　　它的好處是咖啡的酸性不那麼強，香氣的發展良好，而咖啡豆卻又不會因過久的烘焙而失掉了原有天然的風味。所以很多高級的咖啡如牙買加藍山、夏威夷可娜等等，為保留其原有特殊的風味，都常採用此等級的烘焙深度。

中深度烘焙（City Roast, American Roast）：

　　又稱為「都會烘焙」。此級的烘焙，大體上都是經過完整的第一爆之後，在第二爆未發生前下鍋的，所以比起上述的中度烘焙來說，咖啡豆風味的發展較易掌握，且酸性也少了一些，所以許多單品咖啡均採用此級的烘焙深度。

　　一般我們說的美式咖啡，通常便是此等級的烘焙深度。另外，常見的哥倫比亞豆以及巴西豆也多烘焙至此程度。

中深度烘焙（City Roast）的咖啡豆

深度烘焙（**Full City Roast, Dutch Roast**）：

又稱作「全都會烘焙」。此級和上述的中深度烘焙相近，差別在於此等級的烘焙深度大概都是經過第二爆之後起鍋的，所以比較起來顏色更深（呈深棕色），酸味也變得更少了（幾乎無酸味），而且已有淡淡的焦味和明顯的苦味產生。

> **咖啡小語**
>
> 咖啡烘焙的理論與主張其實很多。在時間和火候的控制上，就有快烘和慢烘等二種頗為對立的看法。另外，在焙程的深度上來說，也有淺焙和深烘二種不同的堅持。美國著名的畢特先生（Alfred Peet，美國畢特咖啡的創始者）便是主張深烘最具代表性的人物。
>
> 對於此點，筆者個人則採折衷融合的看法。不同的咖啡有不同的屬性和不同的風味，烘焙的深淺若能做不同的搭配，或許對咖啡豆來說，才能得到最佳的詮釋。

上面談到的美式咖啡或哥倫比亞、曼特寧、摩卡、古巴等單品咖啡，也有很多是烘焙至此等級的。對不喜歡咖啡酸味的人來說，這個烘焙等級或許更適合些，但對那些喝完仍要享有美好餘味的老咖啡客來說，烘焙到這個深度卻可能把它給破壞了。

　　另外，市面常見的綜合咖啡，也多是屬 City 與 Full City 這兩個等級。

義式烘焙（Italian Roast, Espresso Roast）：

　　進入這個烘焙深度，咖啡豆的顏色更深、更黑了，而且表面也會有輕微的油脂滲出。一般而言，義式烘焙的咖啡豆喝起來已是沒有酸味的，取而代之的是較強的苦味和醇味。

　　通常我們常見的 Espresso（義大利濃縮咖啡），烘焙深度便都是在此等級。

法式烘焙（French Roast, New Orleans Roast）：

　　此烘焙等級的咖啡豆苦味極強，並不適合單純飲用；但因濃稠度更高，所以頗適合做花式咖啡。

義式烘焙（Espresso Roast）的咖啡豆

法式焙的咖啡豆

　　常見的花式咖啡,如拿鐵、卡布奇諾等等所用的咖啡豆,很多都是此程度的烘焙的(如南義大利或法國西北部之諾曼第)。

特黑烘焙(Dark French Roast):

　　到達此深度的烘焙,咖啡豆表面上早已滿布油脂,而顏色也呈現深黑色。以品嚐咖啡的角度來說,這個等級的烘焙過深,以致於許多咖啡該有的風味都焦化了,並不是一個值得採用的烘焙法。此種烘焙深度,目前在中東如土耳其等地仍時而可見。

咖啡小語

　　以目前我們所能知道的科學證據來說,咖啡豆的烘焙深度,基本上和咖啡因是沒有可靠而明顯的關聯性的,也就是說咖啡中的咖啡因並不會因烘焙程度的改變而變多或變少。

　　筆者有些朋友還曾一度以為愈苦的咖啡,咖啡因含量愈高,甚至一直認為義式濃縮咖啡 Espresso 的咖啡因一定很高。這是一個錯誤的觀念,咖啡因的高低,最重要的還是取決於咖啡豆的份量、品種和沖煮的方式。

烘焙對咖啡豆的意義

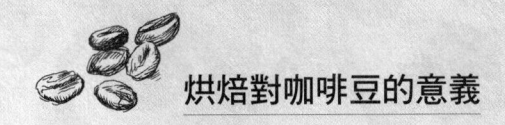

各位讀者還記得筆者在這一篇的起頭所寫的那一段話嗎？沒錯，有好的咖啡生豆，也得要有適當的烘焙，才能成就一杯好咖啡的！這句話正好點出了「烘焙」這個過程之於咖啡的意義。

如果生豆少了烘焙這個過程，那麼接下來的研磨、沖泡等等便沒有什麼意義了，因此，烘焙在咖啡發展的歷史裡，實在有著很重要的地位。試想如果咖啡豆少了這麼一道烘焙的處理過程，那麼它迷人的地方就少了太多太多了，要像現在般成為全球流行的飲品更是不可能。

也因為如此，所以筆者在介紹這個部分時著墨甚多。在台灣，許多人都十分注重咖啡沖泡的技巧，但對烘焙相形之下反而沒有給予該有的重視和關注。

所謂「巧婦難為無米之炊」，沒有烘焙適當的咖啡豆，如何能提供沖泡者煮出一杯好咖啡來呢？

由於一個好的烘焙者大多專精於咖啡生豆，所以透過他們的烘焙所出品的咖啡豆，對消費者來說也代表著某種程度上對品質的把關。舉例來說，美國畢特先生在烘焙的領域裡對咖啡豆品質的堅持，不但造就了重烘焙的廣受歡迎，畢特咖啡在美國也成了精選咖啡豆中響亮的招牌，其後更造就了一家現今規模龐大的上市公司（Peet's coffee & tea 公司目前已在美國那斯達克掛牌上市）。

專注於烘焙咖啡豆的專業烘焙師

　　另外筆者要提醒讀者，相同的咖啡豆會因了不同的烘焙深度而呈現不同的風貌。所以在選擇咖啡豆時，也要注意烘焙是否恰到好處。

　　在此篇章的最後，筆者要提醒讀者，烘焙本身是一件具有危險性的工作，若有時興起在家自行烘焙之際，可別忽略該注意的安全。

咖啡小語

　　咖啡從種植、採收、果實處理……等等，一直到沖泡出一杯咖啡來，這整個過程，烘焙大概是其中最具危險性的步驟。不管所使用的咖啡烘焙機的熱源是來自瓦斯或電力，烘焙機鍋爐內的溫度都是動輒高達攝氏一、二百度的。因此只要稍有不慎，小則整批豆子報銷，大則可能引發火災，所以烘焙者不但要精研專業上的知識之外，還要具備高水準的安全概念，配合良好的操作習慣才行。

烘焙後再經由「杯測」來決定咖啡豆的品質好壞

喚醒咖啡豆生命的神奇魔法師
元老級專業烘焙師游先生專訪摘要

　　咖啡豆在烘焙前說起來並無特殊之處，但經過烘焙之後，香氣和各種美好的滋味卻構成了無可比擬的魅力。比較生豆和熟豆，兩者之間簡直可用天壤之別來形容，中間的變化宛如魔法一般；如果說，咖啡先天上本來就有它迷人之處，那麼我們可以說，喚醒咖啡豆內在神奇魅力的魔法師就是──咖啡烘焙師。

烘焙，對咖啡的處理而言是相當關鍵的一個步驟。由筆者上面概略的介紹，讀者對烘焙咖啡或許能有一個較完整的瞭解。但咖啡烘焙畢竟是一項十分專業的技術，為了讓讀者進一步瞭解目前台灣烘焙界的情況，筆者特地專訪浸淫咖啡專業烘焙廿餘載的游啟明先生，或許大家對咖啡烘焙能有更深一層的認識。

　　首先，游先生道出烘焙的專業概念，烘焙的二大要旨就是安全和品質。

　　烘焙本身是有危險性的。一個烘焙師最好要有安全的概念和正確的安全操作習慣。一些烘焙廠在組裝烘焙機時皆未考慮接地裝置這一手續，以致於烘焙廠常常發生觸電或燒壞烘焙機的情形。尤其在烘焙過程中，更須隨時注意烘焙機各種開關的正確位置。當然烘焙機的定期保養更不可忽略，以維持機器的正常運作。

　　另外，烘焙本身是一項很專業的工作，在烘焙之前，一定要先確定這批咖啡豆所使用的沖泡方式；因為隨著沖泡方式的不同，對咖啡豆烘焙程度的要求也會不盡相同，烘焙的方式當然也要順著調整才行。

　　其次，在生豆下鍋之前，要清楚地掌握豆子的情況──包括豆子的含水量、豆形、烘焙環境的濕度及溫度……等等。烘焙時火候的大小、時間的控制都要隨著這些因素作調整。

　　炒豆可以分為「單炒」和「雙炒」二種[1]（參考附註），一般而言「單炒」的技術高且容易失敗、咖啡豆沖泡時的溶出率高、咖啡豆本身的特性較易表現、沖泡時的敏感度較高；「雙炒」則反之。烘焙時間較長、豆子的風味平淡是「雙炒」的最大缺點。簡而言之，「雙炒」的特色就是豆子沒有特色，品質不太好也不太壞，不過就豆子的外觀而論，會顯得較為明亮，而這也是它的優點。

　　對烘焙廠來説，生豆的來源是很重要的。所謂「巧婦難為無米之炊」，沒有好品質的生豆，烘焙廠便無從炒出好品質的咖啡豆。

　　由於台灣的內需市場有限，目前專業烘焙廠的規模都太小，僅使用10公斤到30公斤烘焙機，難達經濟規模，過度競爭的結果往往就會流於只

---

[1] 所謂的「雙炒」，也就是書中所謂的「雙重烘焙（Double Roast）」。顧名思義可知，這是一種同一批生豆，在烘焙機內重覆炒過二次的方式。一般而言，此法的第一次烘焙，多半只把生豆內含的水分烘乾即停止，待豆子回復常溫後，再做第二次的烘焙，直到完成。

烘焙後咖啡豆將被送入自動分裝與包裝機

上圖為咖啡豆的分裝
下圖為咖啡豆的包裝

看價格不重品質；此種情形對業內或是廣大的消費者來說都是不利的。因此如何建立烘焙本身的專業度，培養客戶在品質上的認知，是烘焙界所該深思的問題。

電腦控制烘焙機

咖啡的儲存與包裝

生豆的儲存

熟豆的儲存

咖啡豆的包裝

咖啡好喝的第一個要求便是新鮮，因此，如何善用良好的儲存方式來保存烘焙好的咖啡豆，對沖泡咖啡者來說也是很重要的⋯⋯⋯⋯⋯⋯

生豆的儲存

說到咖啡豆的儲存，得分生豆和熟豆二方面來說。首先來談生豆的保存。

一般說來，生豆的保存要比熟豆來得簡單許多，筆者把該注意的重點整理成以下幾項：

圖為生豆的保存，避免豆子潮溼發霉、有雜味。

1. 絕對避免陽光直射。

2. 溫度不宜過高或過低；尤其避免 10℃ 以下或 30℃ 以上的環境。

3. 生豆不宜直接置放於地面上，最好置於砧板或托架上。一來避免地面潮濕導致豆子發霉，二來避免地面的氣味造成咖啡豆多餘的雜味。

4. 宜保持置放場所空氣流通，並儘量避免其他氣味強烈的東西一起堆放，以免日後影響咖啡豆的風味。

5. 如果允許，咖啡豆最好經常搖動搖動，以增加它的通氣性。

6. 要做保存日期的控管。生豆雖然鮮度可達數年，但仍有其一定的期限，做好時間控管才能確保咖啡豆的新鮮度。

如果能夠掌握以上所說的幾點，在生豆的保存上就不會有什麼問題了。大家要特別留意的是，台灣的天氣常常悶熱又潮濕，這時得小心別讓生豆發霉或發酵了。

咖啡小語

幾乎所有新咖啡生豆都裝在由黃麻和波羅麻織成的粗纖維袋子裏，每袋大約裝 60 公斤。但夏威夷則使用 100 磅裝的袋子，在哥倫比亞則裝在 70 公斤的袋子，但在波多黎各，有時也使用 90 公斤的袋子。

熟豆的儲存

　　咖啡豆烘焙完成後,內部的化學變化仍在持續進行中,會產生大量的二氧化碳,短暫的形成一層保護層,相對的也會將香氣一併帶出,是咖啡最香的時刻,但口感會偏酸。6個小時後,酸味漸除,口感轉為飽滿。

　　3~7天之內咖啡豆的風味達到最高峰,香醇飽滿,並有回甘之美味。之後,苦味漸增,香氣也會逐漸消退,所以必須妥善包裝,以免咖啡風味漸失。

　　一般來說,最好能在烘焙完成的第二天就儘快包裝起來使與空氣隔離。但為什麼要儘快包裝起來呢?原因有以下幾點:

此為 STARBUCKS 咖啡熟豆的包裝方式

1. 空氣中的氧是破壞咖啡豆的最大殺手。

2. 咖啡豆經過烘焙後，內部有數百種新的化合物，形成香味，其沸點皆很低，很容易揮發而流失掉。

3. 咖啡豆經過高溫的烘焙後，其細胞孔放大，很容易吸收空氣中的水分，進而產生水解作用（Hydrolytic）破壞咖啡的口味。

4. 咖啡豆一碰到「光」就立刻提高氧化的速率，加速咖啡的破壞。

5. 咖啡豆在高溫烘焙後，其脂質會經由細胞孔的出口外流，使咖啡豆的外表產生一層油光，如一碰到「光」會加速氧化作用，造成變質而且容易有油腥味產生。

當咖啡烘焙好之後，保持的方式就要比生豆來得麻煩許多。

以下筆者整理出一些咖啡豆保存時所該注意的重點，提供大家平時存放咖啡豆時的參考：

1. 儘量以整顆咖啡豆的原狀保存。咖啡豆一旦磨成粉，保存的效果就大打折扣了。

2. 一定要避免陽光的照射，最好放置於連燈光都照射不到的地方。

3. 保存的容器絕對不能有濕氣，也要能夠隔絕外在環境的濕氣。

咖啡小語

　　一般來說，熟豆的保存期限比生豆要短得多。即使是在包裝保存的很好的情況下，烘焙好的咖啡豆最好也不要置放超過半年以上，兩個月內使用完當然更好。以筆者的實務經驗來說，烘焙好一個月內的咖啡豆，狀況是最好的，超過這個期限，咖啡的風味就漸漸地減損了，甚至會有其他雜味產生。

　　有一點要注意，如果是拆封過存放在密封罐裡的咖啡豆，其鮮度的保存期就又比前述的時間要短許多。

　　至於生豆，其鮮度的保存期就長了許多，一般來說，只要儲存的場所得宜，放置2、3年的生豆在業內是相當普遍的。

圖為義大利 ILLY 咖啡豆的罐裝包裝

4. 儘量減少和空氣接觸的機會。空氣中的氧會使咖啡豆產生氧化作用，不但會減損咖啡本身的風味，也會造成其他的雜味（咖啡的油脂氧化後，多少都會形成一股油臭味）。

5. 除非馬上要用，否則建議購買使用真空包裝的咖啡豆（最好還要有單向排氣閥的裝置），此種包裝方式較有利於咖啡豆的保存。等到須要使用時才拆封，可確保咖啡豆的新鮮度。

6. 保存咖啡豆不能只用一般的容器或罐子，最好使用密閉式的真空罐，如此才能確保隔絕空氣和濕氣，對香氣的保存也較有利。

7. 咖啡豆的保存方式再好，還是有它一定的期限。包裝拆封了的咖啡豆最好儘早喝完。

咖啡小語

　　咖啡豆在初期烘焙完後，會不斷地釋放出二氧化碳；而若是烘焙程度較深的咖啡豆，其豆子表面出油的情況也會持續。此時咖啡豆本身許多微妙的變化仍在發展之中，一般而言，起碼得過了3天之後，整個咖啡豆才能較均勻地呈現出該有的風味來。不過也有人認為3天的時間並不夠，得過個6天整個咖啡豆的風味才會最為平衡而完整。所以烘焙後4~10天之豆子的香氣最明顯。

咖啡豆的包裝

　　咖啡豆的包裝，一樣可分為生豆和熟豆兩種不同的方式。生豆的包裝很簡單，通常都是使用粗麻袋。麻袋的大小不一，有 60 公斤裝、70 公斤裝、甚至是 90 公斤裝。但這並非絕對，比如説牙買加藍山便都是用木桶來包裝生豆的。

圖為牙買加藍山咖啡豆的桶裝生豆

熟豆的包裝就費事了些，因為咖啡豆一旦經過烘焙之後，在空氣中很容易產生變質，為了保持咖啡豆的風味和鮮度，包裝上不斷地改進。以下介紹幾種過去與現今的包裝方式：

1. 真空包裝

把包裝容器內的氣體抽除，再將「惰氣（Inert Gas）」加壓灌入（約1.2~1.3bar）使咖啡油脂在加壓之後會均勻分布在細胞壁四周，不會與空氣接觸並發生氧化作用，此法可使咖啡的風味與鮮度能完整保存長達 3~6 個月之久。

2. 單向排氣閥

其大小有如中型鈕扣，是目前最有效的包裝方式。其原理是將新鮮烘焙咖啡豆釋出的二氧化碳排出且防止外面的氧氣進入包裝袋。無庸置疑的單向排氣閥（Degassing Valve）是目前業界公認最理想的一種保鮮方式。但只適用於完整的咖啡豆。

3. 透明玻璃密封罐

將咖啡豆直接放入透明密封罐，使咖啡豆直接暴露與空氣、陽光接觸，只會加速其腐敗更遑論保鮮了。而有些咖啡業者為增添咖啡館內視覺效果而採用此種保存方式，實在是一種錯誤的示範。

單向排氣閥的包裝袋

圖為義大利知名品牌 LAVAZZA 的二種真空包裝方式

> **咖啡小語**
>
> 　　咖啡豆存放於冰箱好嗎？以筆者的經驗來說結論是最好不要，為什麼呢？原因有以下幾點：
>
> 1. 冰箱內雜味多，容易被咖啡豆所吸收。
>
> 2. 冰箱內冷而乾燥，容易蒸發咖啡豆的水分，並帶出香味。
>
> 3. 咖啡豆從冰箱取出會凝結空氣中的水氣而使咖啡豆潮濕，很容易破壞口味。而且經研磨後，咖啡粉會結成塊狀，造成沖泡不均勻形成沖泡失敗。

咖啡的儲存與包裝　129

咖啡沖泡與研磨

各種沖泡方法的簡介

咖啡豆的研磨

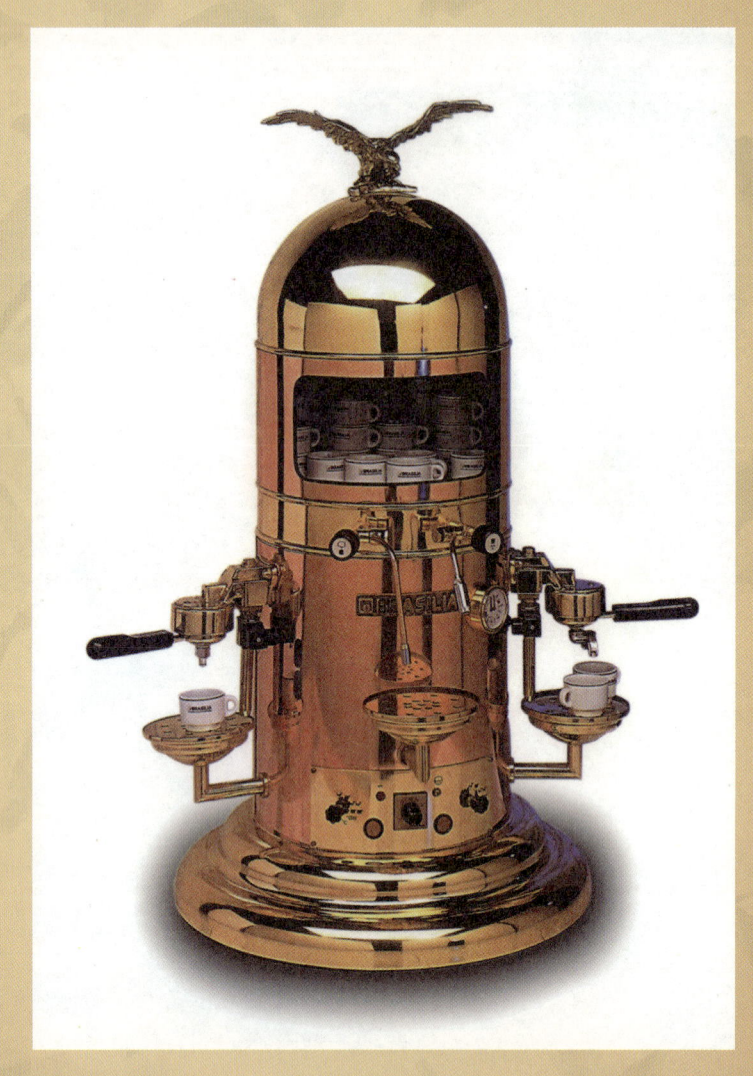

好的咖啡豆，
需要良好的沖泡技巧來詮釋咖啡完滿的風味……………………

各種沖泡方法的簡介

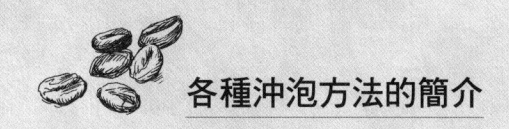

要如何沖泡一杯美味香醇的咖啡，其基本的條件大概不外乎以下幾項：

(1) 新鮮且優質的咖啡豆

(2) 選對及乾淨的沖泡器具

(3) 好水

(4) 良好的研磨機及正確的研磨

(5) 溫度控制得宜

(6) 沖泡的時間正確

(7) 愉快的心情

由以上我們可以得知，要沖泡一杯好喝的咖啡，沖泡器具的好壞及正確的使用是非常關鍵的因素。所以接下來我們就來簡單說明「熱咖啡」的沖泡器具其種類特徵和使用方法：

伊比立克（Ibrik）

是一種有著長柄的銅壺，用來沖煮土耳其咖啡。

使用時先將深焙的咖啡粉放入銅壺內加水，然後直接在火爐上加熱。當壺內產生泡沫時，先離開火源；如此再反覆兩次，讓泡沫均勻，最後一次

時將咖啡壺拿開，即完成了沖泡的動作。

　　此種沖泡法壺內總是濃稠不已，咖啡殘渣會留在壺底，所以用此種壺來沖煮咖啡會產生非常多的咖啡因，但在中東目前還是非常的流行。

（圖片取自 Coffeemakers 一書）

　　圖為已有古董價值的銅製長柄伊比立克壺（現代使用的伊比立克壺皆為白鐵鍍銅的材質）

拿坡里濾壺（Neapolitan）

　　早期 Espresso 咖啡機未出現時，此種拿坡里濾壺是用來沖煮義大利濃縮咖啡的器具。該壺分為上、下兩層，其材質通常為鋁製品，因此沖煮出來的咖啡會帶一點金屬味（鋁）。

　　使用的方法是：先將冷水放置於下層（有握柄）的壺中，再將 5 或 6 茶匙（約 15g）的細磨咖啡粉放置於中間的過濾網中。當水滾了，其蒸汽會衝向過濾網，此時便將濾壺移開火源並瞬時將濾壺上下倒轉過來，讓滾水進入咖啡中，如此咖啡的沖泡即已完成。

　　用此法沖煮咖啡有一個缺點要特別注意，倒轉拿坡里濾壺不是很容易的事，一不小心雙手常會被滾燙的咖啡燙傷。

圖為古董級的拿坡里壺（約西元 1840 年左右，圖片取自 Coffeemakers 一書）

摩卡壺（Moka）

　　這是一種設計簡單且造形優美、值得信賴的非電動濃縮咖啡機。首先將冷水倒入下層壺裡，用細研磨咖啡粉置於中間網籃裡，鎖上上層壺罐後置於火源上（中火）加熱，即可煮出極為香濃的濃縮咖啡。但因其蒸汽壓力有限，所以咖啡的美味大打折扣。

圖為新式的摩卡壺

圖為古董的摩卡壺

咖啡沖泡與研磨　135

1. 將咖啡粉置入於咖啡槽

2. 於下壺注入冷水

3. 上下壺密閉旋緊

4. 置於爐火上

濾紙滴泡式（Mellita）

簡單來說又叫濾泡式，是西德 Mellita 夫人所發明的。其沖泡方式流程如下：

1. 將濾紙邊緣封緘部，分別朝不同方向折好，打開濾紙便會自然撐開。

2. 將過濾器放在玻璃壺上，再將濾紙套在過濾器上（如圖 1、2），把咖啡粉置入濾紙內並適渡搖勻（如圖 3、4、5、6、7），用一隻細口水壺加熱水至 92℃~93℃（用溫度計量），注入少量開水約 20cc，悶煮 25 秒，使產生「水道」之功能，再注入水覆蓋咖啡粉並悶煮 30 秒（如圖 7）。

3. 由濾器中心部以同心圓向周邊部分均勻地注入約總注入量 10% 開水（如圖 9）。咖啡粉之粒子會因注入的開水而膨脹變輕，之後化成無數的小氣泡浮在表面上。開水因自身的重量及水流的沖力便適度地溶出咖啡內之成分而自然往下流入咖啡壺，同時香氣也往上散發出來（如圖 10）。

4. 因第一泡開水而膨脹至最大的咖啡粉表面會發黑，約 30 秒後水溫降為約 90℃ 時，開始第二次注水沖泡，讓咖啡粉全體均勻地被沖泡出來（必須均勻沖入開水），則咖啡粉表面會泛起白色泡沫，最後會將其表面全部覆蓋住，第二泡以後，咖啡粉的粒子會吸收開水，反覆進行萃取運動，咖啡粉的二氧化碳排出，泡沫的顏色會越來越淡而轉變成白色，是為沖泡完成（如圖 11）。

138　咖啡迷的私藏書

咖啡沖泡與研磨　139

法式濾壓壺（French Press）

　　1947 年由法國人洛林所發明。是由一種圓柱形的玻璃容器與蓋子所組成，蓋子的中央有一個可以上下推拉的濾網，如下圖。此種咖啡壺的使用方法是將粗磨咖啡粉倒入壺內，再將 95℃~96℃的熱水注入，用乾淨的攪拌棒攪拌一下，再浸泡 2~3 分鐘，確定咖啡粉完全浸到水後，壓下中心軸過濾掉殘渣，就可以泡出一杯完美的法式咖啡，這樣沖泡出來的咖啡雖然有點混濁，但也最貼近咖啡豆本身的原味，故此法較適合高品質的咖啡豆，如藍山、可娜、肯亞 AA…等。

圖為現代的法式濾壓壺

虹吸式或真空壺（Vacuum Siphon）

1830 年由英國 Robert Napier 所設計，採用玻璃球狀體（Glass Globe or Balloon）以虹吸和過濾或真空的器具來沖煮咖啡。真空壺的原理是採用蒸汽壓力，使得水得以往上流，但時間掌控非常重要。使用方法（步驟）如下：

1. 研磨所需的咖啡豆（如圖 1）。

2. 下壺注入所需的水，並擦乾下壺外表（圖 2），並置於瓦斯爐上（圖 3）。

3. 將有濾布的過濾器之鍊條垂直放入上壺導水管內，拉出彈簧掛勾，勾住導水管的管口固定（圖 4、5）。

4. 將此上壺以傾斜 30 度的角度，插入下壺口，暫靠在壺邊，由橡膠撐住（圖 6）。

5. 開大火，下壺的水煮到泡泡大量出現且大滾後，立刻把上壺套入下壺，必須緊密結合（圖 7）。

6. 當下壺的滾水由虹吸導管把一半的水往上吸時，隨即倒入咖啡粉，同時將瓦斯調為中火（圖 8）。

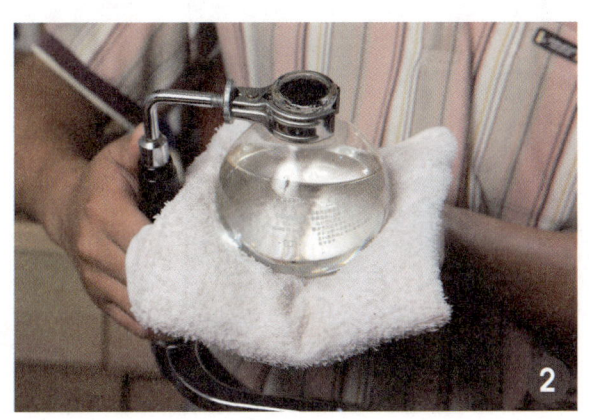

7 導入咖啡粉後，用攪拌棒以左右交替半圓周式向下壓，輕輕攪動（圖9）。

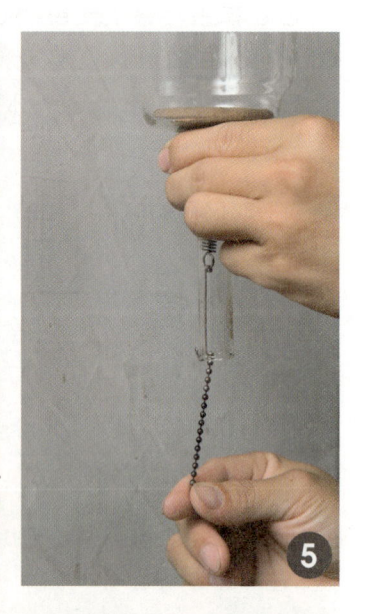

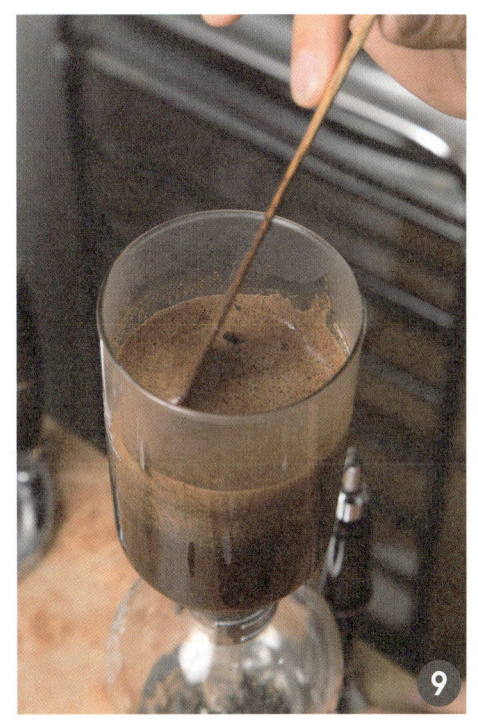

8 第一次攪拌完先停 15~20 秒再攪拌一次，過了約 15 秒插入攪拌棒到 2/3 的深度，左右交叉畫半圓並關火源，再畫圓圈 3~4 圈後快速用冷濕布包裹下壺（圖 10），讓咖啡液快速下降，避免過度萃取。

咖啡沖泡與研磨

美式電動咖啡壺（Electric Percolator）

　　第一台電動咖啡壺於 1827 年由法國人奧古斯丁所發明。藉由中間管子讓水往上升，水噴灑到咖啡粉的中間未能噴灑到全部，且加熱速度太快，沖煮出來的咖啡輕淡，略微酸，味道較不濃郁。由於沖煮出來的咖啡再滴入於下方保溫的咖啡壺，如此一來沖煮過程溫度略顯過熱，容易造成一股輕微焦味。

　　電動咖啡壺雖有上述的缺點，但由於易於操作，沖泡者幾乎完全不必費心卻是其最大的優點。

圖為美式家庭用電動咖啡壺

圖為商用型美式電動咖啡壺，常為大飯店所採用。

義式濃縮咖啡機（Espresso）

在 1901 年米蘭工程師 Luigi Bezzera 設計出用水蒸汽壓力原理來沖泡咖啡；但於 1903 年由另一個人 Desiderio Pavoni 申請得專利。到了 1938 年由米蘭人 Cremonesi 發展用活塞（piston）來增加壓力。到了 1945 年 Achille Gaggia 改良了機器裡的活塞，增加一個彈簧設備，並獲得 Cremonesi 的遺孀 Signora Scorzz 之同意，於 1946 年申請了專利。

Gaggia 的改良，在壓力的作用下，水產生熱交換的作用，當加熱 90℃時壓力可達到 9-15 巴（每平方吋約 130~220 磅）。水碰到過濾網內的咖啡粉時，溫度降到 85℃左右，且能在恆溫、恆壓下均勻接觸到全部的咖啡粉，如此較易沖泡出極佳、美味的咖啡。

由於此種方式所沖泡出的咖啡是極濃的濃縮咖啡，某些人並不適合飲用，因此有人加入鮮奶及奶泡，便成為時下最流行的 Cappuccino 及 Coffee Latte。

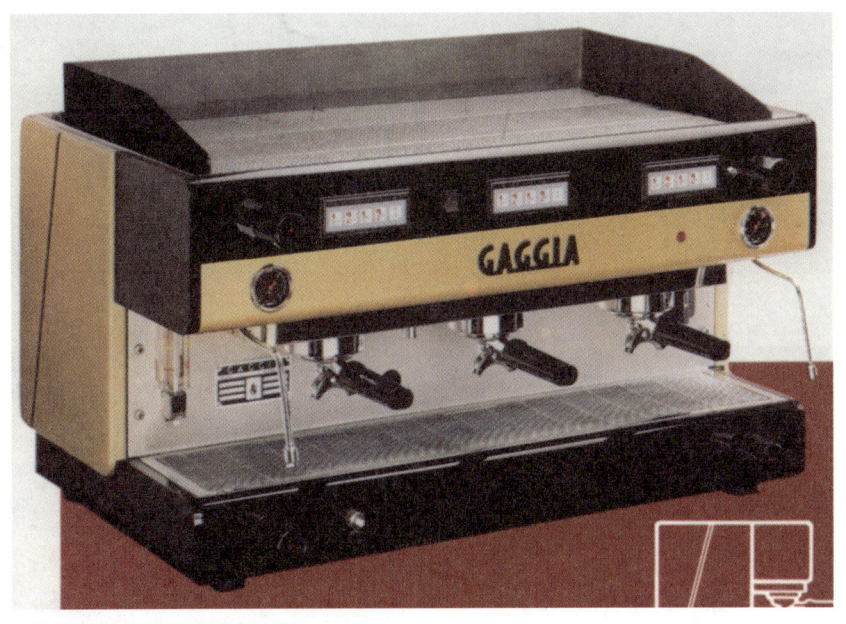

圖為典型的義式半自動咖啡機

圖為筆者所參觀的 Gaggia 舊工廠大門

圖為其國外部門經理帶領筆者參觀工廠零件部之情形

圖為 Gaggia 的組裝生產線

圖為咖啡機內的銅製水箱零件

咖啡豆的研磨

　　除了依咖啡豆類別及烘焙程度來慎選沖泡（煮）器具外，咖啡豆的研磨方法和研磨程度也都不能疏忽，因為若研磨不均勻，即使最好的優質咖啡都會變得食之無味。

　　專業的研磨方法應該讓咖啡粉呈不規則狀且大小相同的細粒。研磨顆粒程度可分為極細粉末型、細磨砂型、中磨砂型及粗磨砂型。

圖為手搖磨豆機

而每一種研磨程度都需配合不同的沖煮方式，如極細粉末型通常用來沖煮土耳其咖啡；細磨砂型用以濾壓式咖啡機來沖煮，如義大利 Espresso；中磨砂型之顆粒類似玉米粉，適合以濾泡式或真空壺（Siphone）來沖煮，當然亦可適用於美式電動咖啡壺；粗磨砂型之咖啡粉適用於法式濾壓壺。

磨豆機大致可分成螺旋漿式研磨豆機（Cutting Mill）、鋸齒式磨豆機（Burr Mill）及手動式研磨機。

1. 螺旋漿式研磨豆機

是使用馬達轉動螺旋漿式的刀片，將咖啡豆削成粉末（粒），而不是用磨的方式。因研磨時會產生高溫、研磨不均且無法設定研磨度（粗、細），所以筆者不建議使用這種螺旋漿式磨豆機。

2. 鋸齒式磨豆機

依據筆者多年來累積的經驗，磨豆機比咖啡機還要重要，所以建議使用較高級的「鋸齒式磨豆機」。因為它能快速而定地磨出均勻的咖啡粉（粒），幫助你煮出較美味的咖啡。而且操作方法簡單，並能設定研磨度及研磨時間。

此外，鋸齒式磨豆機的磨刀有兩種型式：一為平面式的鋸齒刀（Flat Burrs），一為立體的錐型鋸齒刀（Conical Burrs）。平面式是由兩片環狀的刀片所組成，圓周上布滿鋒利的鋸齒。錐型式的磨豆刀由二塊圓錐鐵所組成（一公一母），錐鐵表面布滿鋸齒。

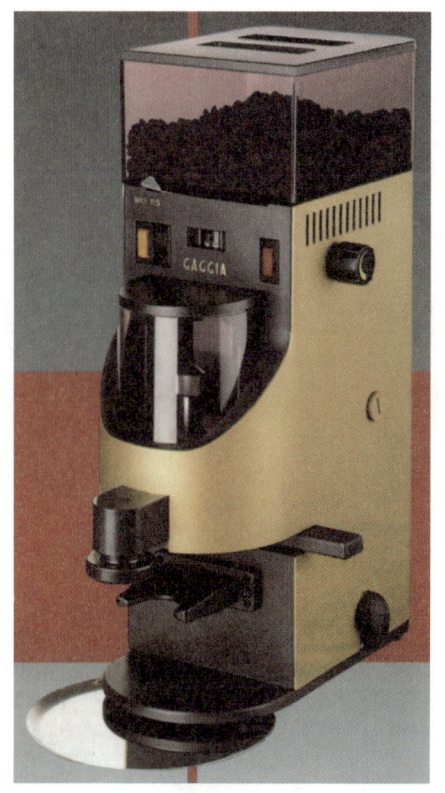

圖為鋸齒式電動磨豆機

錐型鋸齒刀所產生的磨擦溫度最低，最不會影響咖啡的原味，也最能形成均勻的研磨。高價位的專業商用研磨機與手動式研磨機，都採用錐型鋸齒刀。

　　磨豆機的功率（Wattage）也很重要。功率較大的磨豆機，研磨速度較快，咖啡粉停留時間較短，所以受磨豆機的溫度影響較少，咖啡香的揮發較少。

3. 手動式磨豆機

　　多年來，手動式磨豆機的設計皆沒有改變，內部的磨刀並不是刀，因為它沒有鋒利的刀鋒或鋸齒，而是一塊有角度的錐型磨鐵，以碾壓的方式將咖啡豆磨碎。

　　此法類似古代的研缽和搗杵，最能留住咖啡的香醇，但研磨速度不快，手搖磨豆機有點辛苦，雖能研磨出顆粒均勻的咖啡粉，但不能磨出細粉末，所以不適合濃縮咖啡（Espresso）愛好者使用。

研磨度

需沖泡一杯芳香、甘醇的好咖啡,研磨度對咖啡品質的影響最大。一般咖啡的研磨度須依咖啡烘焙程度及所使用沖泡工具而有所區別,粉粒由細到粗,研磨度依範圍大致可分為以下幾種:

(1) 極細研磨(Espresso grind):適用於濃縮咖啡機及土耳其壺。

(2) 細研磨(Find grind):適用於摩卡壺。

(3) 中度研磨(Medium grind):適用於塞風壺、滴濾杯及美式咖啡機。

(4) 粗研磨(Coarse grind):適用於法式濾亞壺。

前文已略述沖煮出一杯完美的咖啡,沖泡(煮)器具的選擇及研磨程度(種類)的要求外,咖啡豆的新鮮是最基本的條件。如果沒有新鮮的咖啡豆,再專業的技術、再好的沖泡器具也不能完成一杯美味的咖啡。

其次「好水」也是重要元素。因為一杯咖啡中,水的含量超過 98%,所以水質好壞關係到咖啡的美味。

水可分為硬水與軟水,我個人比較喜歡硬度略高但又不至於很高的水來沖泡(煮)咖啡,因為水中的礦物質能和咖啡內部物質發生交替效果,而產生較好的口感。這當然是個人的喜好,因為軟水會使咖啡味道變較平淡。但軟水是濃縮咖啡的較佳選擇。因為如果水中有太多化學成分或有機物質存在,將會導致咖啡機內之水管沈澱而阻塞。這也是為什麼一般濃縮咖啡機都要加一台淨水過濾器的主要原因。

至於正確的沖泡水溫最好保持在 92℃左右最好。要注意的是,100℃ 沸騰滾水是不適合直接沖泡咖啡的,它將會燒

專為大量磨豆設計的專業用磨豆機

焦咖啡粉。正確的時間則必須依沖泡器具的種類不同而有所區別：如 Siphon 約 50~60 秒，濾泡式約 3~4 分鐘，Espresso 機約 25~30 秒，法式濾壓式約 2~3 分鐘。

最後筆者認為沖泡時的心情將影響咖啡的美味。對此也許會有人持懷疑的態度。然而心情必會影響控制沖泡時間，尤其在使用濾泡式時最明顯表露無疑，因心情不好的人便不能專心控制水壺注入水的 定度及時間的掌握，如此當然泡不出一杯好喝的咖啡。

圖為有精密刻度功能的鋸齒式電動磨豆機

咖啡小語

咖啡用水質之認知

水質之探討可分為 1. 水質軟硬度 2. 水質的酸鹼值（PH 值）

1. 軟硬度（Water Hardness）是 ppm（百萬分之一）數值高低來決定，亦即水中所總溶解因值的數值。一般以 200ppm 之硬度煮出咖啡最香。如硬度過低的軟水，咖啡會粹取不足，如硬度過高的硬水，很容易粹取過多的味道，尤其不好的味道。

2. 酸鹼值（PH 值）：微鹼水質煮出來的咖啡較香，微酸性水質煮出來的咖啡口感較柔順，所以 PH 值 6.5 最適合來沖煮咖啡。所以説一般偏酸性的水是較軟性，偏鹼性的水是較硬性。

咖啡與人體健康

咖啡與健康的關係

適度飲用咖啡，
不但是一種享受，
也是有益身體的⋯⋯⋯⋯⋯⋯⋯⋯⋯

咖啡與健康的關係

咖啡對人體健康的影響一直是大家關心與討論的課題。咖啡產生作用的主要成份是咖啡因——coffeine 又名咖啡鹼。服用小劑量的咖啡因可增強大腦皮質的興奮、振奮精神、減低疲勞。所以早期阿拉伯人將咖啡當提神劑外，也被用來治療胃痛及當利尿劑使用。

咖啡的誘惑不必抗拒。國內外的醫學或醫療機構也發表了無數篇的研究報告，筆者整理了數篇資料提供讀者參考：

1. 依 1990 年國際防癌研究機構（IARC）發表的研究報告來看咖啡對結腸或直腸癌具有抑制的作用。

其後也有同類的研究成果陸續發表。如 1982 年日本癌症研究權威高山博士，發表咖啡中的咖啡因不具有發癌性及變異原性。

2. 適量喝咖啡可預防帕金森氏症

美國夏威夷地區，針對 8,004 名日裔美國男性做的 30 年心臟後續研究分析而得發現，不喝咖啡的人得帕金森氏症的機率是喝最多咖啡（4~5 杯）的人的 5 倍。如每天喝 1~2 杯的人，就可使發生機率減少 50%。

3. 長期喝咖啡不會導致血壓升高

咖啡因可以促進心臟的活動，在短時間內可以讓血壓上升；但另一方面

又有擴張毛細管的機能，而產生降血壓的作用。因此咖啡成分有增降血壓的作用，但兩者皆極為短暫性。

波士頓布利根婦女醫院做的一項研究顯示，喝咖啡者有高血壓機率並未高於不喝咖啡者。護士衛生研究中 3 萬 3,077 名高血壓病患的 12 年資料，並未發現每天喝咖啡與高血壓之間的有效關連。事實上，每天喝 3 杯以上咖啡者，高血壓的危險反而比少喝或根本不喝咖啡的婦女低約 3%~12%。

4. 喝咖啡可防預成年型糖尿病

繼美國與荷蘭之後，北歐的芬蘭（平均每人喝的咖啡量居世界之冠）。一項大規模研究提出證據說，喝咖啡可預防成年型（二型）糖尿病。每天喝 3、4 杯咖啡的女性，可以減少 29%，男性則可減少 27%。研究還發現，咖啡喝得愈多，保護作用愈大。如每天喝 7~10 杯的女性可減少約 80%，男性可減少約 55%。這項研究由赫爾基國家公衛研究所主持，綜合整理 1982 年、1987 年和 1992 年的 3 項調查，共有 14,600 人。其中男性 6,900 多人，女性 7,600 多人。

哈佛大學公衛學院針對 12 萬 5 仟人所做的長期研究發現，男性每天喝 6 杯咖啡，12~18 年內成年型糖尿病的危險減半；女性則減了三成。

2000 年荷蘭針對 17,000 人做的研究也有類似發現。每天至少喝 7 杯咖啡的人，比喝 2 杯或不到 2 杯的人少了一半。

5. 骨質疏鬆症，不是咖啡的錯

2001 年《美國臨床營養學期刊》中的一篇短文提及，咖啡中的咖啡因並沒有足夠的證據顯示與老人的骨質疏鬆症有關。

過去許多有關咖啡因與老人骨質流失的研究皆發現，咖啡因和骨質疏鬆症沒有直接的關係，因為太多生活型態及基因的問題也會影響骨質的健康。

2000 年發表一篇針對停經後的婦女的研究，也顯示咖啡因與骨質流失沒有關係。同年發表在《骨礦物質研究期刊》的專文中，針對 800 位平均 74 歲的老人研究也證明無關係。但停經後的婦女每日攝取高於 450mg 的咖啡因（約 3~4 杯的咖啡），且鈣質攝取低於 800mg 者骨質流失則有

顯著較高的現象。

6. 咖啡與癌症間的關係？

根據 2000 年 8 月的歐洲《癌症綜論雜誌》回顧以往的醫學研究，駁斥了長久喝咖啡會增加引起胰臟癌、膀胱癌或其他癌症的風險。反倒是有研究認為長久喝咖啡可能減少得到直腸、大腸癌的風險。

《國際癌症期刊》2006 年 1 月號公布加拿大最新研究，發現具有「BRCA1」基因突變的婦女，在 70 歲以前發生乳癌的機率高達 80%，但只需大量喝咖啡就可減少罹癌風險。

多倫多大學教授史蒂芬納洛德是此研究報告的撰稿人，他說：「平均每天喝 6 杯以上咖啡的婦女罹患乳癌的機率可降低 75% 之多。喝 3~4 杯可減少 25%，喝 1~2 杯可減少 10%。」

這項研究有加拿大、美國、以色列、波蘭四國共 40 個醫學中心參與，共蒐集 1,690 名有「BRCA1」或「BRCA2」基因的婦女所做之研究。研究團隊之一的瓊安柯索普洛斯說：「好的雌激素較多，婦女罹乳癌的機率較低。而咖啡因會影響人體一種酶的作用，有助於增好的雌激素。」

7. 喝咖啡對皮膚不好嗎？

自古以來，就有「喝咖啡皮膚會變黑」的迷信。其實咖啡的色素與皮膚的黑色素並無任何的關係。如果喝適量且優質的咖啡，可以促進消化、預防便秘，反而對皮膚帶來更佳的效益。

8. 猛喝咖啡不會傷心

西班牙馬德里自治大學，及哈佛大學公共衛生學院的一項對 12 萬 8,000 名男女追蹤 20 年的研究顯示，長期每天喝很多杯咖啡並不會提高心臟病危險。不過這項研究發

現只限濾泡式咖啡，並不適用於濃縮咖啡（Espresso）和法式濾泡咖啡。

研究員也發現心臟病和攝取咖啡因無關。但對帶有一種「慢」版特殊肝臟酶基因的人，咖啡喝較多時會提高心臟病危險。美國塔夫茲大學教授兼美國心臟學會營養委員會主席李琪坦提醒大家，喝黑咖啡或添加脫脂奶的咖啡固然對心臟無害，但在咖啡裡加糖及奶油或全脂牛奶所含的飽合脂肪就另當別論了。

由以上世界各國的醫學機構研究出來的數據報告很清楚的告訴我們：「咖啡的誘惑不必抗拒。」

咖啡沖泡器

咖啡沖泡器簡史

早期、中期與近代義式咖啡沖泡器

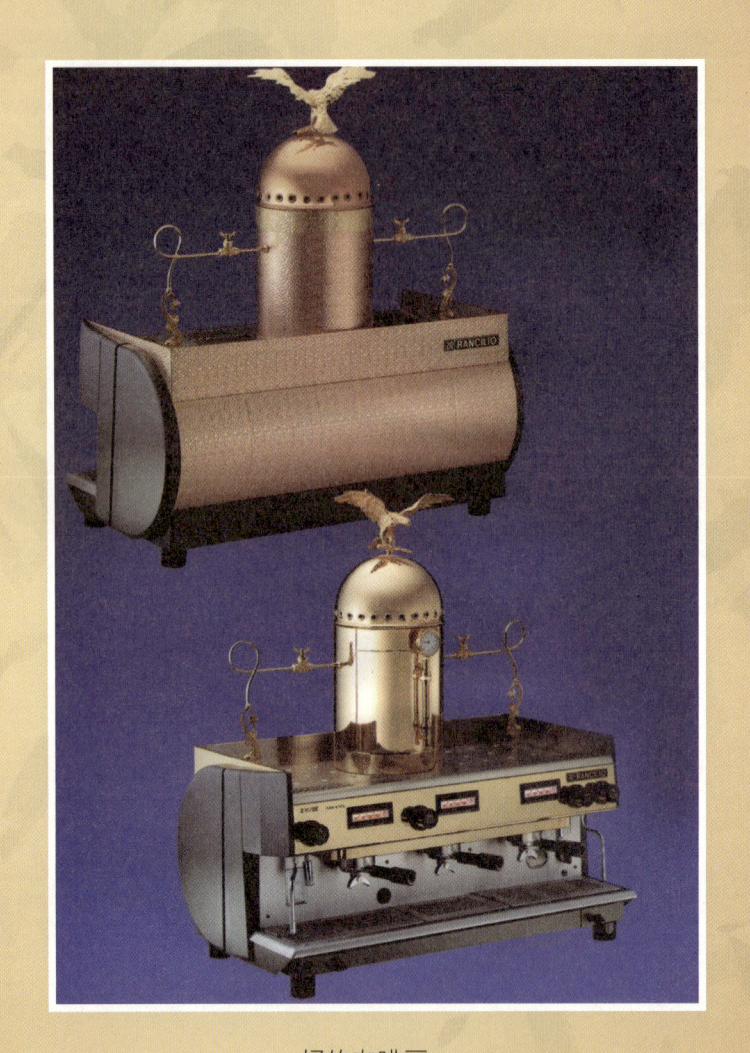

好的咖啡豆，
也須要好的沖泡技巧；
學習沖泡技巧，
先從瞭解沖泡器具開始

咖啡沖泡器簡史

17 世紀初期,咖啡最早由義大利自中東進口到歐洲,隨後荷蘭人亦跟進。

早期歐洲喝咖啡是為了提神醒腦(Pick-me-up),沖泡的方式如同它的原產地一樣——咖啡豆經過烘培、研磨,最後放入水裡煮開數回而散發出強烈香氣。如此的沖泡法是要有相當程度的咖啡品質,因此極為昂貴,不是一般大眾所能負擔。但隨著時間的演進,咖啡於歐洲已隨處可見。而且自 19 世紀末以來,咖啡屋已成為文人墨客聚會的場所,尤其是義大利威尼斯、法國巴黎、奧國維也納等特別有名。

為了吸引顧客,他們投入許多心力於改進烘焙、研磨技術和沖泡器。18 世紀初,最早的沖泡咖啡器具是在奧地利、義大利和法國發明製造的。

英國人喜歡用他們泡茶的方式來調製咖啡,將咖啡粉裝在袋裡,浸泡於煮沸的水中,直到咖啡滲透出它的味道來。後來人

(圖片取自 Coffeemakers 一書)

們想出巧妙的擠壓咖啡袋，不弄破袋子以取咖啡主要精華而又可避免過於強烈。當時還有一種將咖啡透過一塊稱為 Biggin 的布料滴漏出的調製法。

19 世紀初期，咖啡呈現無法阻擋的發展優勢，公開或私人的咖啡座隨處可見，因而產生一股改進品質的風潮。大約在 1836 年，第一個真正的咖啡機誕生了──酒精加熱的龐大且多組零組件滴濾器，不但可保持咖啡的熱度而且具有栓嘴，可將咖啡直接注入於杯子裡。

在義大利，拿波里人製造的咖啡壺大受歡迎。另外還有較不為人知，但同樣好用的米蘭壺。德國和奧地利的咖啡沖泡器採用了虹吸（Siphon）和浸透過濾（Percolation）的原理。法國則停留在忠於傳統的滴泡（Drip）咖啡。而北美地區則採用了各種方式，其中浸透過濾方式最受歡迎。

回顧歷史，咖啡沖泡器的概念發明，和他們聰明且具有豐富想像力的發明者，多方交織在一起。以下就選擇幾個技術傑出而且靈巧的發明來說明一下：

1830年在英國Mr. Robert Napier獨創採用玻璃球狀體（Glass Globe or "Balloon"）以虹吸和過濾式真空的器具來沖泡咖啡。這種沖泡器因可見其調製過程而顯得特別有趣，目前這種沖泡器仍然由CONA公司製造，不過增加了不少的改良。

在德國與奧地利看到別國家已經使用氣壓、與過濾的多重形式的偉大發明，且成功地應用在商業咖啡機上。於是他們也皆相繼投入製造的行列，如德的A、E、G和Krups公司。

在義大利某些工廠及公司也投入製造咖啡機的行列，因此後來皆變成世界知名的咖啡機專業製造公司。如Gaggia、Faema、La San Marco…等公司。到了1900年義大利的工業剛剛起步，他們皆開始思考要設計較進步的咖啡機。

圖為Gaggia的古董咖啡機（圖片取自Espresso made in Italy一書）

在 1901 年米蘭的工程師 Mr. Luigi Bezzera 在申請餐廳用咖啡機的專利，可用瓦斯及電力來煮熱水。這台咖啡機依儲水槽的大小可煮 1~4 杯咖啡。後來他改良結構，推出新型商業用咖啡機，可將熱水分配到三支過濾手把而且氣壓可達 1.5 大氣壓，"Espresso" 咖啡機因此誕生了。

後來再經過 Mr. Gaggia 的改良增加壓力到 9~15 bars，才有今天完美的義式濃縮咖啡機。尤其到了 20 世紀末，各大公司對於咖啡機不遺餘力的投入金錢與技術，大大提升恆溫、恆壓的性能，並加強外殼的藝術性包裝。

早期、中期與近代義式咖啡沖泡器

早期義式咖啡機：（1901~1950 年）

1. 這是 Mr. Luigi Bezzera 於 1901 年申請專利，在罩頂上有安全閥及壓力錶。

2. 這是 La Pavoni 公司於 1905 年依據 Mr. Luigi Bezzera 的專利而改良的雙過濾手把，加上美麗的法郎圖案。

（圖片取自 Espresso made in Italy 一書）

3. 這是義大利 Universal 公司於 1925 年左右出品，在性能上已有蒸汽閥。

（圖片取自 Espresso made in Italy 一書）

4. 這是義大利 Simonelli 公司於 1940 年前出品，已經有預熱開水的裝置。

（圖片取自 Espresso made in Italy 一書）

5. 這是 Gaggia 公司於 1948 年改良增加活塞把，可直接打奶泡。其造型典雅優美，已列入世界級古董咖啡機行列。其造型典雅優美。

（圖片取自 Espresso made in Italy 一書）

咖啡沖泡器

中期義式咖啡機：（1951~1980 年）

1. 這是 Faema 公司於 1960 年左右新產品，有四支過濾把手。

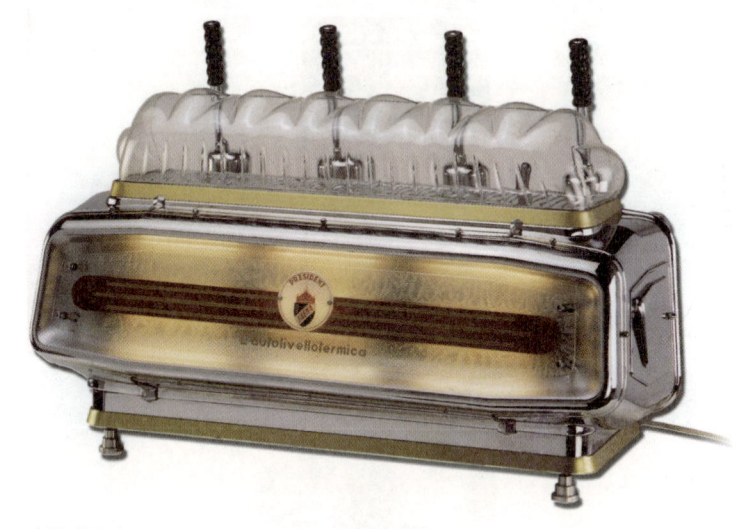

（圖片取自 Espresso made in Italy 一書）

2. 這是 Rancilio 公司於 1960 年出品，有 1~6 支過濾把手，是當時最大型的義式咖啡機。

（圖片取自 Espresso made in Italy 一書）

3. 這是 Faema 公司於 1961 年推出的優質咖啡機,至今還是熱門的機種。

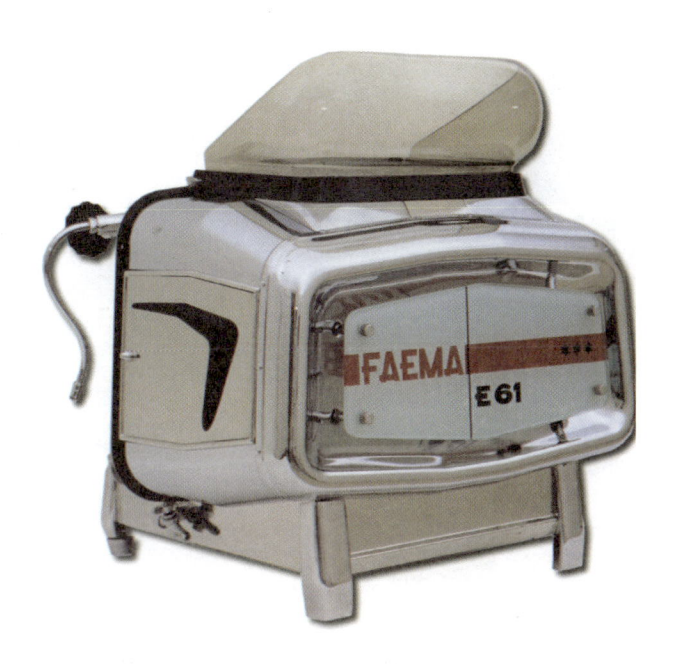

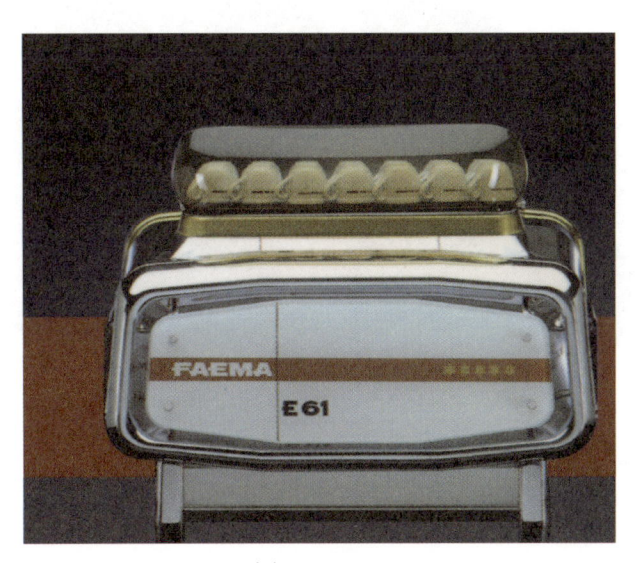

(圖片取自 Stefano 一書)

4. 這是 La Pavoni 公司於 1970 年左右的產品。

（圖片取自 Espresso made in Italy 一書）

近代義式咖啡機：（1981 年~）

1. 這是 La Bella 公司於 1990 年左右出品的全自動義式咖啡機；擁有雙槽磨豆機的功能。

（圖片取自 La Bella 公司）

2. 這是 Rancilio 公司於 2000 年出品的千禧年紀念機種，屬於半自動義式咖啡機。

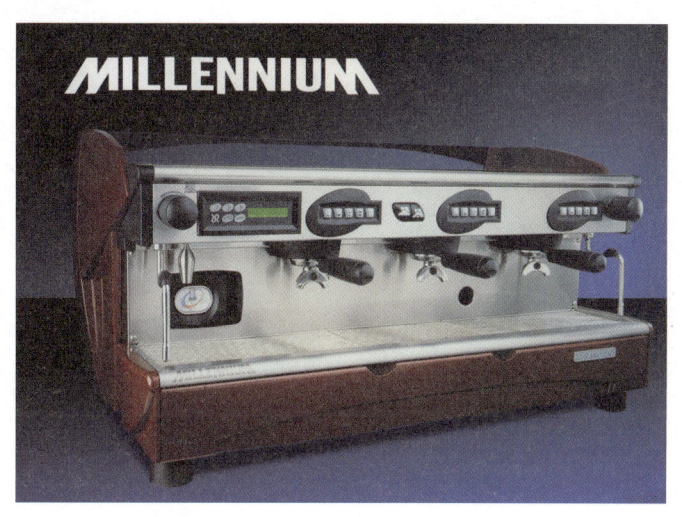

（圖片取自 Rancilio 公司）

3. 這是 Brasilia 公司於 1999 年所出品的全自動義式咖啡機。其特色在於具有恆溫、恆壓的功能，可連續沖泡，並可計算杯數。適合具規模的營業場所。

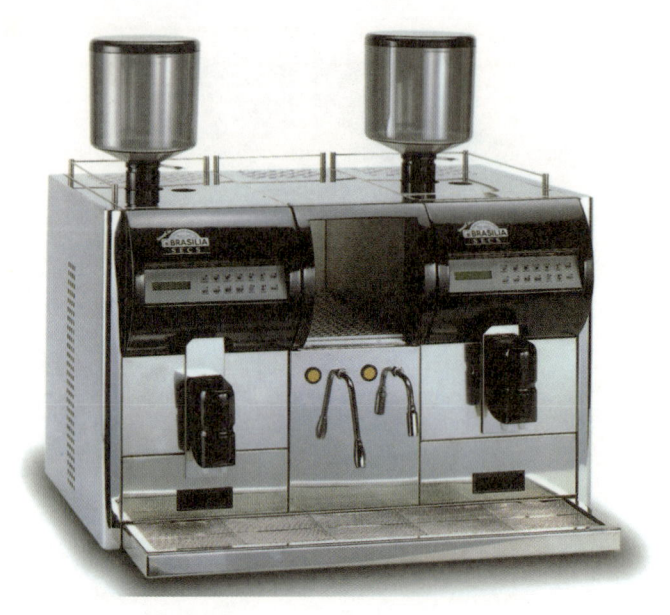

（圖片取自 Brasilia 公司）

4. 這是 Faema 公司於 2005 年初所出品的全功能半自動義式咖啡機。

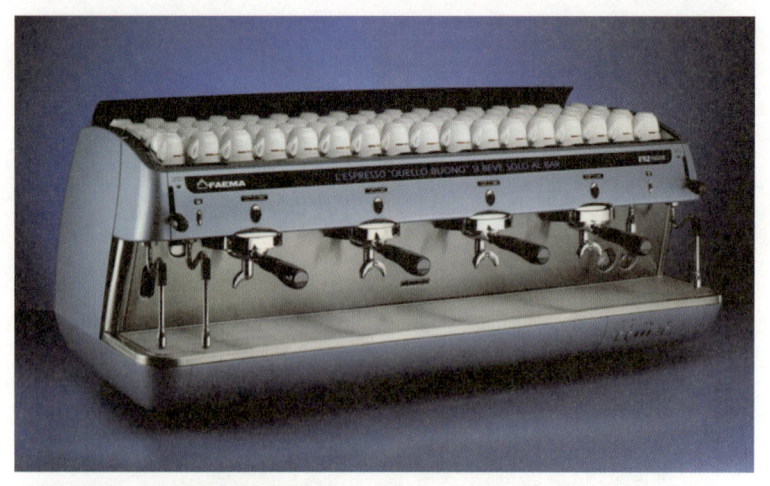

（圖片取自《老爸咖啡》公司）

5. 這是 Brasilia 公司於 2005 年所出品最新的半自動義式咖啡機，其特色為機體可依咖啡杯之高度升降，適合外帶營業用。

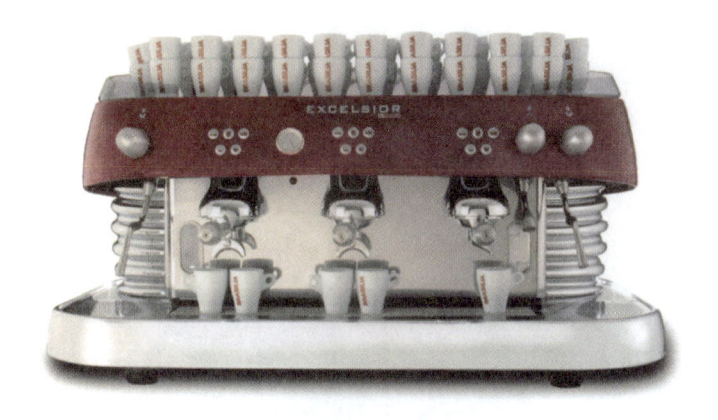

（圖片取自 Brasilia 公司）

6. 這是 Saquella 公司於 1999 年所出品，專為咖啡包（Coffee Pod）而設計的機種，可省去磨豆的困擾及後續咖啡渣清潔工作，便於繁忙的現代人操作，是未來的趨勢。

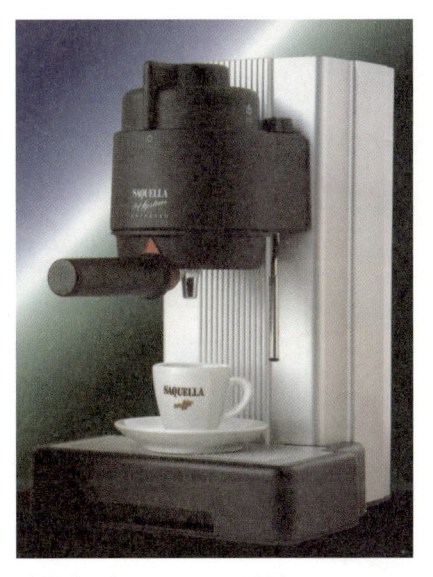

（圖片取自 Saquella 公司）

7. 這是 DeLonghi 公司於 2000 年所出品的機種。

（圖片取自 www.flickr.com/photos/whothefuckishe/）

8. 圖為 RANCHILIO 公司 2000 年所出品的全功能咖啡機，可沖泡咖啡、茶、果汁等。

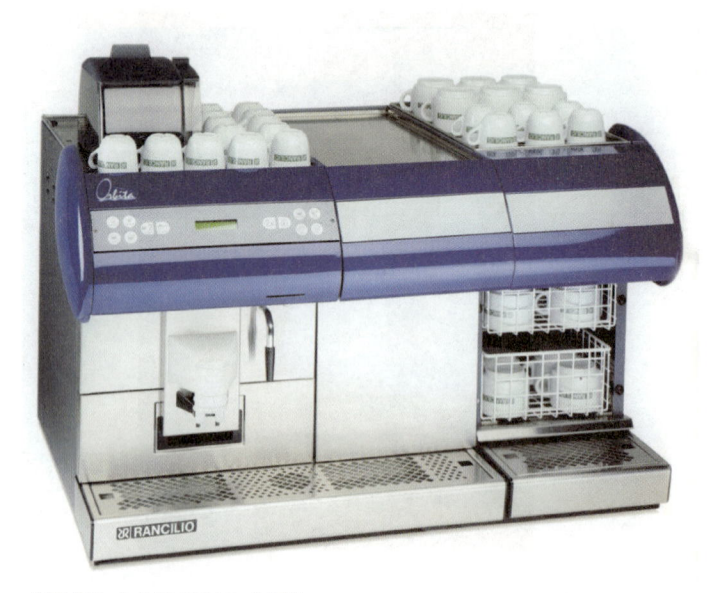

（圖片取自 RANCILIO 公司）

藝術風格義式咖啡機

圖為純手工打造的義式咖啡機（圖片取自 Brasilia 公司）

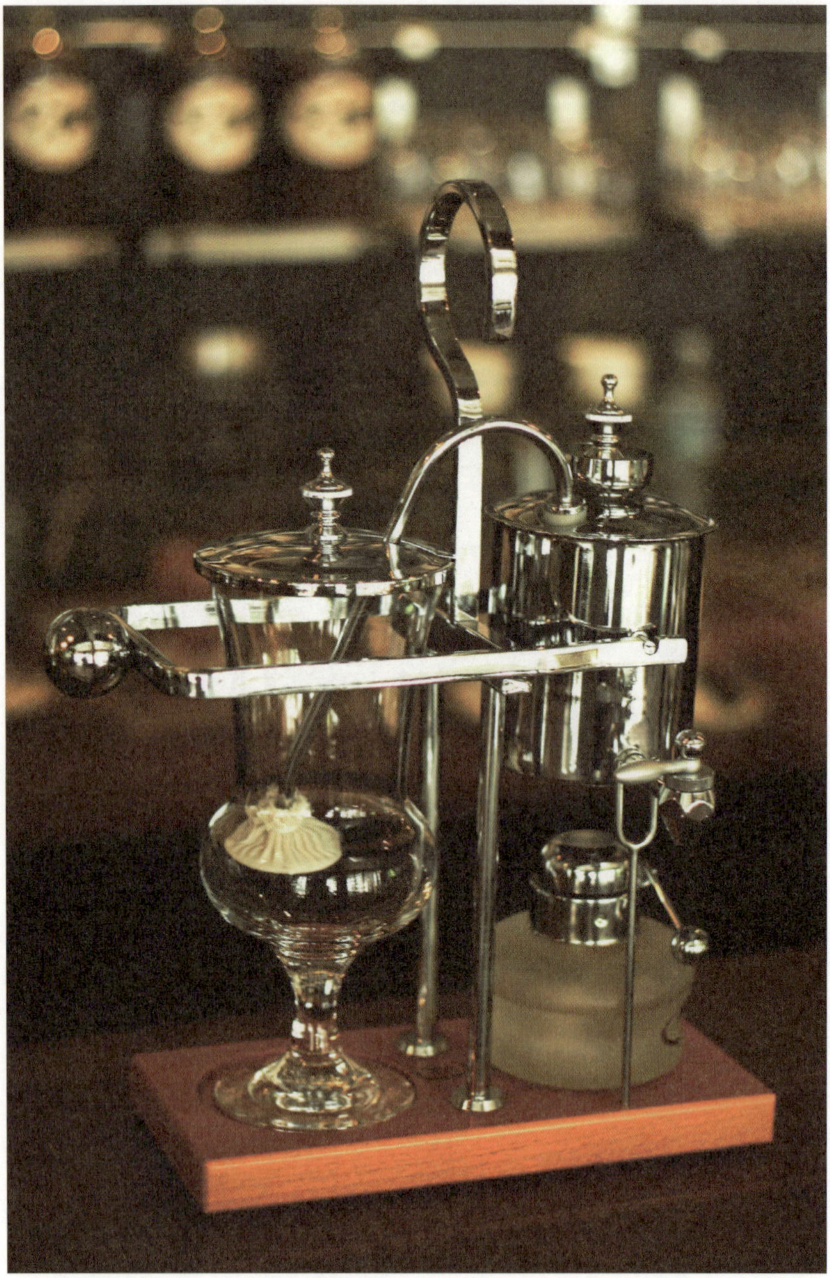

十九世紀中期～廿世紀中期的古董咖啡機（1860~1950 年）

1880 年俄式銅製反轉式咖啡機，5 杯份

1920 年義大利咖啡吧檯專業用機型

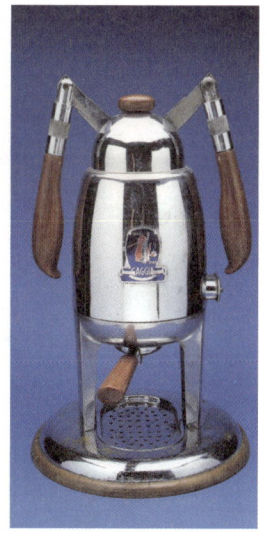

1950 年 Gaggia 的家庭用電動咖啡機

1930 年法國酒精加熱之銅製咖啡機

1920 年德國 Krups 公司出品的酒精加熱咖啡機，8 杯份

1860 年義大利威尼斯酒精燈式沖煮的咖啡機

（圖片取自 Espresso made in Iitaly）

（圖片由 Pavoni 公司提供）

著名咖啡店導覽

法國巴黎（Paris）

義大利（Italy）

美國（U.S.A）

奧地利維也納（Vienna）

葡萄牙里斯本（Lisbon）

日本（Japan）

台灣（Taiwan）

其他國家

到歐洲百年以上的咖啡老店一遊吧，
一杯咖啡，
外加一籮筐的思古幽情…

16、17世紀歐洲咖啡館是上流社會社交的場所，非一般百姓可得分享的。但隨著咖啡豆大量輸入歐洲，接著沙龍（喝茶與咖啡場所）處處林立，文人墨客一杯咖啡在手，咖啡館即成了大談文學、哲學、藝術創作和政治的最佳處所。所以咖啡在世界歷史占有一定的地位，如法國大革命即在咖啡館起義的。

　以下是筆者親訪法國、義大利、美國、日本等上百年或知名度高的咖啡館，簡單介紹並將照片提供讀者分享：

巴黎處處可見咖啡館，圖為巴黎市區盧森堡公園內的咖啡館。

法國巴黎（Paris）

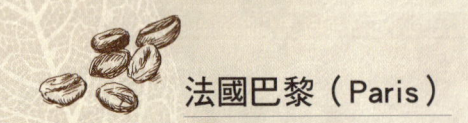

1. Les Deux Magots（雙叟咖啡館）

1875 年開始營業是巴黎最著名咖啡館。50 年代「存在主義」文學家及哲學家如沙特、西蒙波娃這一對活躍的文化先鋒每天聚會的地點。與對面建於西元 542 年的聖日耳曼大教堂遙遙相望。

圖為雙叟咖啡館正門

筆者與雙叟咖啡館之總經理合影，背後即為出名的雙叟雕像。

2. Café de Flore（花神咖啡館）

位於雙叟咖啡館的隔壁，於 1865 年開始營業。40 年代左右是法國文化人交換政見的「心靈上的家」，除了沙特外、卡繆、畢卡索、布烈東…等也常常在這裏聚會。

圖為花神咖啡館正門

3. Le Procope（普魯寇咖啡廳）

巴黎第一家咖啡館，於 1675 年由西西里島人 Francesco Procopio Dei Coltelli。在杜爾農街口（Rue de Tournon）開了一間小咖啡館。他後來入了法國籍，取名 Francois Procope Couteau，並將咖啡館遷往巴黎老劇院街 13 號，也於 1686 年正式改名為 Le Procope（普魯寇餐廳）。除了咖啡外也出售餐點、雞尾酒、巧克力熱飲，並販售冰淇淋。店裡最有名的客人有拿破崙和詩人伏爾泰。廿世紀初，曾數度歇業又開業，於 1988 年大肆整修，於 6 月 14 日全新營業可同時品嚐海鮮大餐。

圖為普魯寇咖啡廳正門

4. La Palette（調色盤咖啡館）

　　1900 年成立，位於左岸的拉丁區，是巴黎的學院區。有著名的中學、大學、藝術學院等、區內書店、藝廊、酒吧、藝術電影院林立。在左岸是有名的藝術咖啡館，美國作家亨利·米勒、畢卡索、達利、馬克斯等皆是常客。

筆者與老闆和其兒子的合影

調色盤咖啡館正門

5. Closerie des Lilas（丁香園咖啡屋）

位於巴黎近郊蒙帕那斯區（Montparnasse）。已有二百多年歷史的丁香園咖啡館，在 19 世紀後期，是巴黎藝文沙龍中的翹楚。1920 年代海明威在丁香園完成他的巨作——流動的盛宴與日出（The Sun Also Rises）。

筆者與其總經理（中）及店長合影

丁香園咖啡屋正門

6. La Rotonde（圓頂咖啡館）

1882 年開業的圓頂咖啡館。由於熱愛藝術的老板利比昂先生（Libion）對當時窮酸的文藝青年給予賒帳或免費招待一杯咖啡，讓這批文藝青年感懷銘衷。因而圓頂咖啡館的座上客包括畢卡索、馬諦斯、夏卡爾及日本的畫家小伙子藤田嗣治…等。

圓頂咖啡館正門

筆者與其老闆之合影

7. Le Dôme Café（圓拱咖啡餐廳）

由於拉丁區及蒙帕那斯區的蓬勃發展，使得 1897 年原本是一家小咖啡館的圓拱咖啡館每天熱烘烘的高朋滿座，包括藝術家、記者、政客、冒險家或逃難的白俄貴族成為他們打發時間的好地點。夏卡爾、馬諦斯、米羅、西蒙波娃及俄共托洛斯基（Leon Trosky）是常客。1986 年重新裝修，現為海鮮餐廳，但乃保留咖啡館外面加蓋的露天咖啡座。

來過圓拱咖啡餐廳的名人，常會在此留影並放置於座位旁做為紀念，為此咖啡餐廳的特色。

筆者與其總經理合影

圓拱咖啡餐廳

8. Le Bastille（巴士底咖啡館）

1789 年 7 月 14 日民眾攻陷巴士底監獄，爆發法國大革命。在巴士底廣場（Place de la Bastille）四周有多家咖啡廳及高級餐廳，其中最具代表性的有二：①巴士底咖啡館②巴士底歌劇院（Opera de Paris Bastille）。

9. Cafe de le Musique（音樂咖啡館）

1995 年 9 月才開幕，由於位於畢卡索博物館和佛日廣場（Place des Vosges）附近，觀光客多，生意非常好，是典型的法國咖啡館。

10. Café de la Paix（和平咖啡館）

1862年開幕，座落於歌劇院對面，同一大樓是有名的大飯店「Grand Hotel」。莫內、左拉、羅曼羅蘭、龔固爾兄弟、列寧、海明威…等常來此流連。

圖為和平咖啡館正門

義大利（Italy）

A. 威尼斯（Venice）

1. Caffè Florian（佛羅里安咖啡館）

1720 年開幕，被公認最老的咖啡專賣店，是威尼斯當地王公、貴族聚會的場所。館內採用一流的裝置藝術，大理石圓桌，紅絲絨椅墊，繁麗的桃木雕花及精緻的古董鏡，營造出雍榮華貴的形象，是一種咖啡宮殿的氣勢。帶動了義大利的咖啡館風潮。

筆者攝於佛羅里安咖啡館正門

圖為其豐盛的下午茶組合

圖為其單純喝咖啡時的杯具

筆者攝於佛羅里安咖啡館內吧檯前

2. Caffè Quadri（夸德里咖啡館）

成立於 1775 年，位於 Caffè Florian 對面，是詩人拜倫和小說家亨利‧詹姆斯、華格納、杜瑪等人常去。也是 19 世紀時王公貴族最常造訪的咖啡廳。這家以土耳其風格為基調的咖啡館利用向陽的優勢在廣場擺起桌椅，吸引遊客來此喝咖啡。

筆者與其經理（右）合影

夸德里咖啡館正門

3. Caffè Lavena

　　成立於 1750 年，聖馬可廣場上另一家歷史悠久的咖啡廳（第二老），音樂家華格納最喜歡來此找靈感。店門口常有現場音樂演奏，吸引威尼斯人來此喝咖啡。

圖為筆者攝於 Lavena 咖啡館正門及吧檯前

4. Gran Caffé（葛蘭咖啡館）

亦是一家超過 200 年的歷史，在聖馬可廣場上四家高知名度之一。老闆非常平易近人，他的好友是喬托大師的第廿九代子孫。

葛蘭咖啡館正門及其門前的音樂演奏者

圖為筆者與葛蘭咖啡館老闆攝於其咖啡館前

筆者經葛蘭咖啡館老闆的介紹，喜遇文藝復興啟蒙大師——喬托的第廿九代子孫，並合影於咖啡館前。

B. 佛羅倫斯（Firenze，英文 Florence）

1. Caffè Italiano（義大利咖啡館）

很年輕的咖啡店，但老闆用心經營，咖啡品質好，二樓有供應義大利簡餐，且離大詩人但丁故居不遠，所以生意非常好。

圖為佛羅倫斯義大利咖啡館正門

筆者與 Caffè Italiano 咖啡館老闆合影於其吧檯內

2. Caffè Gilli（吉利咖啡館）

1733 年開幕，是佛羅倫斯最老也最優雅最華麗的咖啡吧。咖啡不怎樣但蛋糕及巧克力是一傑作，可試看看但價錢不便宜。

3. Caffè Mario（馬里歐咖啡館）

位於維琪奧廣場（領主廣場）上，咖啡好，供應簡餐。因位於觀光區內，所以生意特別好，晚上更是一位難求。

4. Ricchi 咖啡館

位於 Santo Spirito 教堂旁小巧的咖啡館。除了玻璃櫃內色彩繽紛的冰淇淋外，牆上的一幅燈光設計草圖相當特殊，雖然不能列入文藝復興古蹟行列，但點一杯 Espresso 可以欣賞這精采的燈光設計即相當值得。

筆者攝於馬里歐咖啡館前

C. 羅馬（Rome）

1. Caffè Greco（希臘咖啡館）

　　位於西班牙廣場前，1750 年開幕，是羅馬最老且最有名的咖啡館，也可能是世界上生意最好的咖啡館，一天最高可賣出一仟杯咖啡及飲料。也是名人和上流社會人士聚會之所。尤其在當時更是荷蘭及德國藝術家精神的寄託處。叔本華、孟德爾頌、李斯特、華格納都是常客。

筆者攝於希臘咖啡館前

希臘咖啡館前洶湧的觀光人潮

2. Café di Paris（巴黎咖啡館）

在羅馬此咖啡館人人皆知，因曾是電影的場景，生意非常好，尤其晚上更是生意鼎盛。

D. 米蘭（Milano）

1. Cova（柯瓦咖啡館）

　　座落米蘭名牌專賣的街道上（Via Montenapoleone），是非常高雅的咖啡館，咖啡好，巧克力更是絕佳。

2. Ricchi（里西咖啡館）

1896 年開幕，是一家專業且傳統的咖啡館，尤其咖啡糕點更是絕配。

3. Caffè dell'Opera（歌劇院咖啡館）

位於米蘭大教堂附近的高級餐廳街上，餐點屬五顆星級，咖啡僅屬三顆星的水準且價格昂貴，一杯咖啡要價 12 歐元。

米蘭歌劇院咖啡館正門

美國（U.S.A）

A. 舊金山（San Francisco）

1. Caffe Roma（羅馬咖啡館）

是舊金山北灘區有名的咖啡館，雖然裝潢簡單不起眼，但咖啡品質不錯（在美國誠屬不易），所以生意非常好。

筆者攝於舊金山羅馬咖啡館吧檯前

葛理柯咖啡館正門

2. Caffè Greco（葛理柯咖啡館）

不知是否為羅馬西班牙廣場上的「希臘咖啡館（Caffè Greco）」在舊金山的分館或…此咖啡館生意特別興隆，隨時都是滿座。筆者拜訪時，老闆不在，不得而知，咖啡品質屬中等。

3. Caffe Trieste（崔斯蒂咖啡館）

在舊金山名氣很大，因不時可看到義大利"God father"在喝咖啡，亦是藝術家的最愛，而且咖啡很好喝。

此為畢特咖啡館位於柏克萊校園旁的創始店

B. 柏克萊（Berkeley）

1. Peet's Coffee（畢特咖啡館）

起源於柏克萊大學校區內。在美國是義式烘焙的前輩，尤其 Peet 先生是 Starbucks Coffee 第一代創辦人的啟蒙老師，更受美國咖啡界的尊敬。Peet's Coffee 沒有像 Starbucks 的急速擴充，堅持一貫的品質。採用荷蘭式烘焙是咖啡老饕們的最愛。但新一代經營者順著時代潮流的影響也在擴充連鎖店，並開發適合年青人口味的花式咖啡，但主力還是 Cappuccino & Latte。

筆者攝於 Peet's Coffee 創始店門口。此店仍維持舊有傳統，店內並無設置座位。

位於柏克萊第四街的畢特咖啡店，其室內亦無設置座位，但室外則有露天咖啡座。

著名咖啡店導覽

Starbucks Coffee 的創始店，由圖可知其原始 logo 的底色並非綠色。

C. 西雅圖（Seattle）

1. Starbucks Coffee（星巴克咖啡館）

位於派克市場（Pike Place Market）上，於 1971 年成立，是星巴克咖啡店的創始店，亦是「Caffe Latte（拿鐵咖啡）」席捲全世界的起源。由於店內空間不大，所以只能供應外帶，不提供座位讓人坐下來品嚐，這又師承他的啟蒙老師 Peets Coffee 的第一店至今亦不提供座位。兩者唯一的差別是 Starbucks 的咖啡是走溫和口味，味道較 Peets Coffee 淡些。

2. Caffe D'arte（達爾特咖啡館）

老板是義大利裔，強調正統義式咖啡風格。他的招牌咖啡是 Ristretto（是咖啡的精華，只萃取最前端最濃縮的部分，所以只有 Espresso 的 1/2 量）附一顆黑巧克力與巴黎左岸的咖啡館一樣。巧克力的乳脂與微甜會豐富咖啡的回甘令人驚豔，所以非常受消費者的喜愛。

3. Espresso Vivace（薇瓦西咖啡館）

位於西雅圖中央社區大學旁，隱藏在林蔭道旁，不注意還不容易找到。自己有烘焙工廠，採義式淺焙（北義烘焙），口感醇厚、回甘、微酸。其拿鐵做得非常好喝，濃厚的奶泡中其乳脂中和了酸度，非常滑潤順口，為店裡招牌咖啡。

4. Srill Life Coffee House

厚重木質桌椅和木質地板，有波西米亞的風格感或南歐的味道，Espresso 好，音樂也好。

奧地利維也納（Vienna）

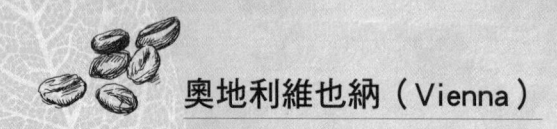

1. Café Hawelka（哈維卡咖啡館）

是維也納知名度最高的咖啡館。其外觀簡單而平凡、外牆灰暗，一點也不吸引人。進門後儘管店內的裝潢己失去了光澤，有點陳舊，但卻總是擠滿了來此喝咖啡的人。

17世末土耳其人攻打奧地利失敗，留下的咖啡豆就是留在Café Hawelka的地窖裡。這家咖啡館就是有其歷史的義意和典故，所以每天顧客川流不息。咖啡館內的大理石桌面咖啡桌，其大理石的紋路頗像一幅山水畫，非常優雅且賞心悦目；另一方面由這些咖啡桌所留下來的歷史痕跡，也可讓人懷想起當年咖啡館熱鬧的景像。

2. Café Demel（丹玫爾咖啡館）

創立於1786年，其特色是清一色女侍，是貴婦們的最愛。據説是世界上最偉大也最傳統的糕點店。其蛋糕非常豐富，尤其蘋果派更是──非吃不可。

3. Café Sacher（薩黑爾咖啡館）

創立於1876年，在國家歌劇院旁的薩黑爾旅館（維也納享譽國際的五星級旅館）。世界有名的Seacher-Torte蛋糕就是由這家店於1832年烘焙出來。

4. Café Museum（博物館咖啡館）

1899 年由名建築師 Adolf Loos 所設計。由於位在藝術學院、歌劇院、大學附近，所以是藝術家、學生們的最愛。

5. Café Sperl（史柏咖啡館）

亦是一家具有歷史的咖啡館，1983 年重新裝潢，以古典家具、撞球檯著名。早期建築師及泥水匠是常客，現在則是大眾化的咖啡館。

史柏咖啡館正門

葡萄牙里斯本（Lisbon）

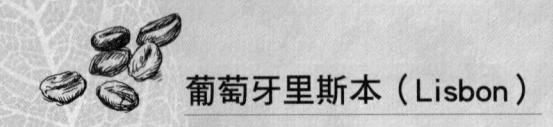

1. Café Antiga（安蒂嘉咖啡館）

已有 160 年以上的歷史。因為發明「蛋塔」者將配方授權給 Antiga 咖啡館，條件是將收入盈餘捐給隔鄰的貝倫修道院來完成未完成的建物。所以此蛋塔也叫「貝倫蛋塔」。知道配方只有四個人，所以香港、台灣的葡式蛋塔皆是贗品。

日本（Japan）

1. NISHIMURA'S Coffee（神戶）

因語言不通，所以無法瞭解其歷史。因咖啡品質很好，且內部裝潢很溫馨，所以很受女仕們的喜歡，生意非常好。

神戶 NISHIMURA'S 咖啡館正門

2. Picasso 347 Café（東京）

東京超人氣的咖啡館，因很多電視劇或電影在此取影，名氣非常大，有巴黎左岸咖啡館的味道。

※ 日本約於 1790 年由荷蘭人帶咖啡由長崎和廣島進入日本，主要是供給當地的外國人使用。到了 1867 年才傳入日本本島。日本官方於東京開了一家叫鹿鳴館的咖啡館當外國人的社交場所。

1888 年台灣人鄭永慶在東京上野黑門町開一家叫「可否（Coffee）」咖啡館，乃是日本第一家「私人咖啡館」，但 5 年後就關閉。1890 年神戶（Kobe）元町地區開了一家叫「放香堂」咖啡店。

台灣（Taiwan）

1. 嵐山咖啡館（台北市）

老闆游啟明先生從事咖啡行業已有 35、36 年了，在台灣咖啡界屬元老級（但年紀不老）。由於游先生堅持用優質咖啡豆，強調好咖啡必須用新鮮咖啡豆，自己在大園鄉設立烘焙工場，所以他的咖啡始終維持一定的水準，目前還維持 Syphone 的沖泡方式，是咖啡老饕追求高品味的最愛，每天皆座無虛席。店裡的招牌咖啡是特調綜合咖啡及哥倫比亞咖啡。

嵐山咖啡館的正門（上圖）與內部高朋滿座的情景（右圖）

2. 高第咖啡館（桃園市）

　　高第咖啡館是好友呂秀桂小姐對西班牙建築的嚮往，多次旅遊西班牙後，回到台灣所構思的店名。呂小姐是筆者認識最有才華的女人。她對咖啡店格調的堅持，每件裝飾或桌椅、壁飾必須合乎高第的風格，所以整間咖啡店的點點滴滴皆是她親手創作。

　　高第咖啡館承現的是西班牙建築大師高第的精神與風格。店主呂小姐完全承襲高第經典之作，以馬賽克磁磚拼貼圖案，將鑄鐵造形及立體浮雕為主題，全部運用至咖啡館上，讓每一位消費者有親臨巴塞隆納接受藝術的洗禮，享受一杯美味的 Cappuccino。

　　高第咖啡館的美與溫馨是別家無可比喻的。如果沒有去過巴塞隆納，不要失望，來一趟高第咖啡館巡訪，並喝一杯 Cappuccino，必會使你再想回來享受它的美與溫馨。

高第咖啡館美麗的夜景

高第咖啡館內處處充滿建築大師——高第的藝術精神

3. 法米咖啡館（斗六市）

　　La Famille 咖啡館座落於斗六市小巷內，有如米蘭 Cova 咖啡館的台灣版。由於李小姐一家人都迷上法式甜點，而遠赴法國「藍帶糕點餐飲學院」學習。回國後便在老家開這家五星級的糕點咖啡館。

　　李小姐對產品的理想與堅持可從店內設計的品味有跡可尋，白色到底的意境——明亮、乾淨及素雅就可知她的水平是一等一的。其法式千層酥百吃不膩，及入口會酥香脆卻不會焦苦的黑蛋糕，還有檸檬香頌、蘋果香頌令人垂涎，皆是她每天以做給家人吃的心情所做出的甜點。加上 Cappuccino 及 Caffe Latte 的製作也用最好的咖啡機及咖啡豆，由此可知法米咖啡館的產品品質是有相當水準的，吃過的人皆說「口齒留香」！

法米咖啡館內部

法米咖啡館正門

其他國家

1. 美國紐約

紐約格林威治區的街頭咖啡店

2. 捷克布拉格（Prague）

Prague 街頭露天咖啡座

3. 德國

典型的德國咖啡店

著名咖啡店導覽

威尼斯聖馬可廣場上咖啡店的夜間音樂演奏會

附錄

品嚐咖啡基本字彙

咖啡豆烘焙程度表

咖啡生豆的主要產地及特性表

咖啡常識

稱職咖啡大師 10 大必備條件

（圖片取自 The Little Book of Coffee 一書）

愈是瞭解咖啡的人，
愈能感受到咖啡神奇的魔力…………

品嚐咖啡基本字彙

1. **醇度（Body）**—— 咖啡入口後在舌頭的那種厚重、濃稠的質感，尤其舌頭觸覺最能體會醇度的變化。

2. **風味（Flavor）**—— 是香氣、酸度、醇度的整體感覺，如咖啡有杏仁味或有巧克力味及微酸、清淡等。

3. **酸度（Acidity）**—— 是一種分布於舌頭兩側的味覺。此酸度與酸味（Sour）完全不同，也無關乎酸鹼值，而是形容一種清新、活潑、明亮的味覺可發揮提振心神的功能。

4. **苦味（Bitter）**—— 感覺區先分布在舌尖，後延伸到舌根部位，苦味主要是咖啡豆深烘焙而營造出。其他因素也會造成苦味，如咖啡粉用量過多或萃取（沖泡）時間過長。

5. **甜度（Sweet）**—— 由優質咖啡才能散發出來的風味。由於咖啡豆經過烘焙後，其本身所含的蔗糖、葡萄糖等碳水化合物會轉變為焦糖而形成甜味。以中度烘焙最能表現突出，如重烘焙則會焦化而轉變為苦味。

6. **香氣（Aroma）**—— 是指沖泡完成的咖啡散發出來的香氣。香氣是綜合性的，如焦糖味、巧克力味、果香味、麥芽味、花味、濃郁、豐富等。

7. 濃烈（**Strong**）—— 主要是形容各種味覺優缺點的多寡或指沖泡後咖啡與水的相對比例。通常濃烈是形容深重烘焙咖啡強烈的風味與咖啡因含量成正比無關。

8. 清淡（**Bland**）—— 指口感相當清淡、無味，主要是咖啡粉份量不足而水太多所造成的效果。

9. 辛烈（**Tangy**）—— 類似發酵過的酸味，幾乎像是水果味，與酒味也有關。

10. 酒味（**Winy**）—— 水果般的酸度與滑潤的醇度，令人聯想到葡萄酒迷人般的風味。

11. 泥味（**Earthy**）—— 辛香且有泥土氣息的味道。並非咖啡豆沾上泥土的味道。這是因為將咖啡豆舖在地上乾燥且拙劣的加工技術所造成。

12. 奇特味（**Exotic**）—— 形容咖啡具有獨樹一格的芳香與特殊氣息。

咖啡豆烘焙程度表

　　由於各地區（國）的烘培度之認同略有不同，其分類方式也不一樣。為了不讓讀者混淆，筆者整理出二種規格是目前可共識的標準。一為較通俗也是目前社會上流通的共識，一為「美國精選咖啡協會（SCAA）」所建立的標準。

通俗共識烘焙表

1. **Light Roast**（極淺烘焙）：有青草味、無香味、醇味。

2. **Cinnamon Roast**（肉杜色烘焙）：咖啡豆呈肉桂色，強烈酸味，且微有青草味。

3. **Medium Roast**（中度烘焙）：清香味且酸味明顯。如 KONA 豆有特殊的回甘味。

4. **City Roast**（都會烘或中深度烘焙）：酸味、苦味達平衡，苦味冒出。

5. **Full City Roast**（全都會烘焙或深度烘焙）：香味苦味皆明顯也是精選咖啡烘焙師最愛。

6. **Italian Roast**（義式烘焙或 Espresso Roast）：咖啡呈現深褐色，豆表面快要出油，苦味強。

7. **French Roast**（法式烘焙，或南義烘焙）：咖啡豆呈黑色，且豆表面明顯出油，南義或法國諾曼地人偏好此味。

美國精選咖啡協會（SCAA）共通標準表

烘焙度	烘焙名稱	俗名
95	Very Light Roast	肉桂色烘焙
85	Ligh Roast	新英格蘭烘焙
75	Moderately Light	淺度烘焙
65	Light Medium	中淺度或美式烘焙
55	Medium	中度烘焙
45	Moderately Dark	深度烘焙或北義
35	Dark	法式或南義烘焙
25	Very Dark	西班牙或拿坡里式

咖啡生豆的主要產地及特性表

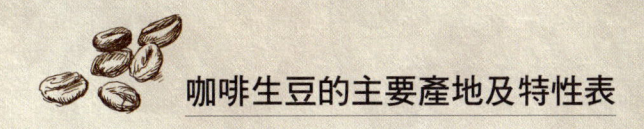

生豆名稱	產地	香	甘	酸	醇	苦
Blue Mountain	Jamaica	強	中	弱	強	弱
KONA	Hawaii USA	中	強	中	強	弱
Santos	Brazil	弱	弱	中	弱	中
Colombia	Colombia	中	中	中	中	弱
Mocha	Ethiopia	強	中	中	弱	中
Java	Indonesia	弱	中	弱	中	強
Mandheling	Indonesia	中	弱	中	弱	強
Kenya AA	Kenya	中	中	強	弱	中
Taiwan	Taiwan	中	弱	中	弱	中

咖啡常識

- 咖啡豆品名介紹
  以生產國為名 —— 哥倫比亞、巴西、哥斯大黎加、肯亞。
  以出產地為名 —— 曼特寧、可娜。
  以輸出港口為名 —— 聖多斯、摩卡。
  以生產島嶼為名 —— 爪哇。
  以生產山脈為名 —— 藍山咖啡、安提瓜咖啡。

- 咖啡果實一般分為三部分，一為最外層果皮，二為中間黏稠的果肉，三為最裡層的生咖啡豆，為兩顆平坦的咖啡果實，但有 3~5% 是圓形豆（Peaberry）。

- 一般優質（精選）咖啡多生長於海拔 4,000 英呎至 6,000 英呎高的山上，但夏威夷可娜咖啡除外，約 450 英呎至 2,700 英呎。

- 一顆正常的咖啡樹，一年約可長出 3,000~3,500 個咖啡果實。

- 平均 5 磅的咖啡果實，可以產生 1.0~1.2 磅的生咖啡豆。

- 一顆咖啡生豆所含成分為（大約值）：
  水　　分：11.3%　　咖啡因：1.3%　　礦物質：4.2%
  綠原酸：3%　　　　奎寧酸：3%　　　脂　肪：11.7%
  碳水化合物：36.6%　蛋白質：11.8%
  精華部分：17.1%

- 一般咖啡樹的壽命為 25~40 年，黃金生產年期為第 6~13 年之間。

- 雖然濃縮咖啡（Espresso）比一般咖啡苦且濃烈，但其所含的咖啡因要比一般咖啡少很多。

- 在烘焙過程中，咖啡豆的體積可增加約 60%。
  巴黎最早的咖啡館 —— Procope 咖啡館
  威尼斯最早的咖啡館 —— Floriano 咖啡館
  羅馬最早的咖啡館 —— Greco 咖啡館

- 法國小說家巴爾札克寫了 95 本書，但在咖啡館喝掉了五萬杯咖啡。

- 咖啡的醫藥用途是①促進心臟功能 ②抑制神經痛 ③中和胃酸過多

- 咖啡因（每杯）之比較：
  ① Robusta（羅布斯塔）約 200~250 毫克（mg）/ 杯
  ② 綜合咖啡約 80~200 毫克（mg）/ 杯
  ③ Arabica（阿拉比卡）單品，約 60~100 毫克（mg）/ 杯
  ④ Espresso 約 30~70 毫克（mg）/ 杯
  ⑤ 即溶咖啡約 80~220 毫克（mg）/ 杯
  但因沖泡方式的不同，咖啡因會些微的改變。

- 晚上太晚喝咖啡，在咖啡中加點鹽巴，可防止失眠。巴爾札克就是如此喝法。

- 咖啡杯大小之區分：
  小杯（short）8 oz ＝ 240ml（或 6 oz ＝ 180ml）
  中杯（tall）12 oz ＝ 360ml（或 9 oz ＝ 270ml）
  大杯（grande）16 oz ＝ 480ml

- 濃縮咖啡之份量（shot）名稱：
  基本上 1 份（shot）的 Espresso 是 30ml，又稱為單份（Single）
  基本上 2 份（shot）的 Espresso 是 60ml，又稱為雙份（Double）
  基本上 3 份（shot）的 Espresso 是 90ml，又稱為三份（Triple）

- 義大利各地濃縮咖啡風味之混合豆比例：

  米　蘭：阿拉比卡中度烘焙 80%
  　　　　阿拉比卡法式烘焙 20%

威尼斯：阿拉比卡中度烘焙 70%
　　　　阿拉比卡法式烘焙 20%
　　　　羅巴斯塔中度烘焙 10%

翡冷翠：阿拉比卡中度烘焙 70%
　　　　阿拉比卡義式烘焙 20%
　　　　羅巴斯塔中度烘焙 10%

羅　馬：阿拉比卡中度烘焙 50%
　　　　阿拉比卡法式烘焙 30%
　　　　羅巴斯塔中度烘焙 20%

拿坡里：阿拉比卡中深度烘焙 50%
　　　　羅巴斯塔義式烘焙 50%

- 好喝濃縮咖啡（Espresso）的條件（標準）：
  ① 咖啡粉量一人份 8g
  ② 熱水溫度為 90℃～93℃
  ③ 咖啡機的抽取氣壓為 9bar~11bar
  ④ 以 25 秒～30 秒抽取 25cc～30cc 之 Espresso
  ⑤ Crema 須為極細度且金黃色
  ⑥ 剛沖泡出來的 Espresso 香味四溢
  ⑦ 濃厚的苦味與酸味之平衡而形成一種香醇風味
  ⑧ 喝下後口中有回甘的殘存餘韻

- 「個性咖啡」之咖啡豆混含的比例表（僅供參考，讀者可以自己 DIY 調配合自己的口味）：

　　　　A：巴西 40%　哥倫比亞 30%　摩卡 30%
　　　　　（口感醇，後韻有野味）

　　　　B：巴西 50%　哥倫比亞 30%　爪哇 20%
　　　　　（口感平順，適合初學者飲用）

　　　　C：巴西 20%　哥倫比亞 60%　馬塔里或哈拉 20%
　　　　　（甘醇，是老咖啡客的最愛）

　　　　D：巴西 40%　哥倫比亞 20%　摩卡 20%　吉利馬札羅 20%

E：摩卡 50%　爪哇 30%　爪地馬拉 20%
　　　（口感溫和但酸味明顯）

　　F：摩卡 60%　曼特寧 40%
　　　（香氣濃口感苦，適合重口味者）

　　G：哥倫比亞 30%　摩卡 30%　曼特寧 20%　哥斯大黎加 20%
　　　（很複雜的香味及口感，讓人回味）

　　H：藍山 60%　摩卡 20%　哥倫比亞 20%
　　　（芳香，溫和的口味）

- 咖啡是一種重要經濟來源，全世界一年的產值約 250 億至 300 億美元，是價值最大的農產品，也是第二大商品（僅次於石油），現在世界產量約 800~850 萬公噸生咖啡，或 1.4 億袋 60 公斤的標準袋。

- 巴西是世界產量最多的國家約占 30%，其次越南約占 15%，哥倫比亞 12%。但消耗量（進口量）最多的國家是美國 2360 萬袋，其次以德國 1426 萬袋、法國 700 萬袋、日本排名第四 620 萬袋。

- 每人每年咖啡豆的消費量（以公斤計）西元 2004 年資料
  1. 芬　蘭：12.8 公斤　　2. 娜　威：10.9 公斤
  3. 丹　麥：10.6 公斤　　4. 奧地利：9.7 公斤
  5. 荷　蘭：9.2 公斤　　 6. 瑞　士：8.8 公斤
  7. 德　國：8.4 公斤　　 8. 美　國：5.0 公斤
  9. 日　本：3.5 公斤　　10. 台　灣：1.0 公斤

- 世界各國對咖啡的稱謂：
  Coffee —— 美國、英國
  Kaffee —— 德國
  Qahwa —— 阿拉伯
  Kai-fey —— 中國
  Kaffé —— 丹麥
  Café —— 法國
  Dunna —— 衣索比亞
  Kahvi —— 芬蘭
  Kafes —— 希臘

Caffé —— 義大利
Kehi —— 日本
Koffie —— 荷蘭
Quhve —— 伊朗
Cafea —— 羅馬尼亞
Kofe —— 蘇聯（俄羅斯）
Kahveh —— 土耳其
Kave —— 匈牙利
Gabee —— 台灣

稱職咖啡大師 10 大必備條件

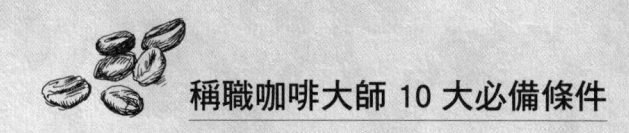

1. **顧客至上** —— 好的吧檯師傅必須充分得到授權,以顧客的需求第一,不必向上請示,能當機立斷符合客人的需要與內心的思想。

2. **心態與個性** —— 永遠用一種開始的心態去沖泡最完美的咖啡,沒有個人的情緒。咖啡行業是與顧客建立關係之推動的服務事業,因為顧客不是只為一杯咖啡,而是要得到一種溫馨的氣氛。

3. **要有專業的外表** —— 穿著乾淨整齊的圍裙與制服來反應出專業的品牌與穩定的品質。衛生與穿著是同等重要,尤其不要有刺青,更不會在休息時抽菸。

4. **訓練** —— 好的咖啡大師會永遠在學習對咖啡的發展(從原味到綜合),隨時不斷教育訓練自己,才會區分自己是能夠體會且描述出咖啡之特性。

5. **分工合作(團隊合作)** —— 好的咖啡大師必須與團隊相互支持去滿足客戶的需求。如客戶能感受出工作人員間之不和諧,將會影響公司的形象及生意。如有團隊精神,工作人員便會愛上這份工作,大家皆勤奮工作,可影響整個業務之互動的感覺。

6. **歸屬感** —— 咖啡大師不只是一份工作,而是對這份工作的熱愛是一種榮譽感,所以客戶就很容易感受咖啡大師與公司有歸屬感的融合心。

7. **自信（對公司產品的自信）**—— 對目錄上的產品，每樣的成分、特性、味道要非常瞭解，並且很驕傲的對老主顧或新客人詳細的介紹，以真正熱忱的態度面對客戶，如此可引起消費者的認同，並成為忠實愛用者。

8. **好的記憶力** —— 成功的咖啡大師對客人喜好的飲料要比客人更瞭解他們自己的需求，且要讓新客戶走出店門時已經是朋友了的感覺。當一位客人走進門時，應能立刻瞭解他們的心情與生活形態而可確定與他們相互聊天分享共同的經驗。

9. **品質** —— 對自己賣的咖啡品質有絕對的信心。自己採購最好的品質再分享給客戶，使他們能有受到尊重的榮耀。但為價格而犧牲品質是永遠不能成為一位成功的咖啡大師。

10. **一心多用** —— 好的咖啡大師可在同一時間進行多樣工作（點咖啡、沖泡咖啡），而可讓客人感覺對他還有一種特別服務的感受。

圖片來源

圖片來源：作者提供、www.shutterstock.com/

P8 圖片取自 Tea & Coffee 月刊

P60 圖片取自 Stanishlaw Szydlo

P76 圖片取自 Kitty Schweizer 一書

P92 圖片取自 Natalie Ward

P134、135、161 圖片取自 Coffeemakers 一書

P163、166、167、168、170、177 圖片取自 Espresso made in Italy 一書

P169 圖片取自 Stefano 一書

P171 圖片取自 La Bella 公司

P171 圖片取自 Rancilio 公司

P172、173、175 圖片取自 Brasilia 公司

P172 圖片取自《老爸咖啡》公司

P173 圖片取自 Saquella 公司

P174 圖片取自 www.flickr.com/photos/whothefuckishe

P174、176 圖片取自 RANCILIO 公司

P178 圖片由 Pavoni 公司提供

P222 圖片取自 The Little Book of Coffee 一書